Menluge (Ch.) et ...

Arithmétique
élémentaire

1874

2271 — IMPRI

ARITHMÉTIQUE ÉLÉMENTAIRE

PRATIQUE ET RAISONNÉE

MÊME LIBRAIRIE:

—

COURS DE M. L'ABBÉ MENUGE

COURS ÉLÉMENTAIRE D'ALGÈBRE, à l'usage des classes, avec un grand nombre d'exemples, d'exercices de calculs et de problèmes, augmenté d'une note indiquant la correspondance des diverses parties du cours avec les numéros du programme officiel pour les classes d'humanités et le baccalauréat ès lettres. 1 vol. in-12, cart. 2 75

Ouvrage approuvé par Mgr l'évêque de Bourges.

Solutions des problèmes et des exercices de calcul du Cours élémentaire d'algèbre. 1 vol. in-12, br.................... 1 50

PETITE TABLE DE LOGARITHMES, 1 vol. in-12, br............. » 80

COURS ÉLÉMENTAIRE DE COSMOGRAPHIE, répondant aux programmes du baccalauréat ès lettres et du baccalauréat ès sciences. 2ᵉ édit. revue et complétée. 1 vol. in-12, avec figures dans le texte et une carte céleste gravée sur acier, br.................... 2 75

Ouvrage approuvé par Mgr l'archevêque de Bourges.

1357. — ABBEVILLE, IMPRIMERIE BRIEZ, C. PAILLART ET RETAUX.

ARITHMÉTIQUE

ÉLÉMENTAIRE

PRATIQUE ET RAISONNÉE

A L'USAGE

DES ÉCOLES PRIMAIRES ET DES CLASSES ÉLÉMENTAIRES
DES DIVERS ÉTABLISSEMENTS D'INSTRUCTION PUBLIQUE

PAR

L'abbé CH. MENUGE

PROFESSEUR DE SCIENCES MATHÉMATIQUES ET PHYSIQUES
AU PETIT SÉMINAIRE DE SAINT - GAULTIER

PARIS
LIBRAIRIE CH. DELAGRAVE
58, RUE DES ÉCOLES, 58
—
1874

PRÉFACE.

Cette *Arithmétique élémentaire* comprend tout ce qu'il est utile d'enseigner aux enfants qui fréquentent l'école primaire pendant un petit nombre d'années. C'est en même temps ce qu'on enseigne généralement dans les classes élémentaires des divers établissements d'instruction. Un *Complément* publié à part renferme les opérations d'un usage moins général.

Nous tenons à faire observer que dans les Notions préliminaires qui précèdent la numération, nous évitons de définir certains termes dont les enfants apprennent le sens en dehors de toute définition rigoureuse. Ainsi nous ne donnons pas de définition du nombre, de l'unité, etc. Il est, dans d'autres matières que l'Arithmétique, une infinité de choses et de mots dont on parle aux enfants sans se croire obligé de les définir : leur définit-on le temps et l'espace ? C'est en chargeant de définitions abstraites les premières pages des moindres traités d'arithmétique qu'on les rend inintelligibles pour les jeunes enfants auxquels elles s'adressent.

On remarquera dans ce volume le grand nombre d'exercices de calcul et de problèmes, mille environ, représentant trois ou quatre mille opérations. Ces exercices sont rangés, comme dans un de nos précédents ouvrages (le *Cours d'Algèbre*), par séries se rapportant aux différents exemples, et l'élève est renvoyé à la règle et à l'exemple dont il s'agit. De plus, dans les chapitres consacrés aux nombres entiers, après quelques problèmes séparés sur chaque opération, nous habituons graduellement l'élève à distinguer l'usage des différentes opérations en le faisant choisir d'abord entre deux, puis entre trois, puis enfin entre quatre. Un recueil de problèmes de récapitulation termine le volume.

Tous nos problèmes sont faciles et s'adressent à des intelligences ordinaires. Ce sont ceux qui se présentent habituellement dans la vie, et avec lesquels il importe de familiariser les enfants. Il pourra être agréable au maître, d'après la force de ses élèves, de dicter lui-même des problèmes plus difficiles qui auront l'avantage, venant de lui, d'exciter vivement l'attention de sa classe, mais un livre élémentaire comme celui-ci devait, à notre avis, présenter les seules applications usuelles du calcul.

Nous avons adopté la forme de questionnaire. C'est évidemment la plus commode pour les enfants. La méthode qui renvoie les questions à la fin des chapitres peut paraître plus savante, mais ce caractère ne saurait la recommander si l'on tient surtout à offrir à l'enfance un livre simple et facile.

En un mot, nous avons voulu dans tout notre travail être vraiment à la portée des jeunes intelligences auxquelles nous le destinions, et l'on pourra remarquer dès les premières pages de notre traité comme dans les dernières, combien nous avons été attentif à observer tout ce qui pouvait nous faire atteindre notre but.

Nota. — Nos exercices étant classés par séries d'après les différents exemples, le Maître variera à son gré le devoir de ses élèves en leur en indiquant plusieurs non pas à la suite les uns des autres, mais plutôt dans différentes séries à la fois. S'il y a plusieurs questions sous le même numéro, comme dans la numération et les exercices de simple calcul, il pourra de même les séparer. De cette façon le travail des enfants sera à la fois gradué et varié d'après leurs progrès (Voir la note de la page 23).

ARITHMÉTIQUE ÉLÉMENTAIRE

Notions préliminaires.

1. *Qu'est-ce que l'arithmétique?* — L'*arithmétique* est la science des nombres.

2. *Quel est le premier de tous les nombres?* — Le premier de tous les nombres est le nombre UN.

3. *Nommez quelques autres nombres.* — Les premiers nombres qui viennent après le nombre UN, sont : *deux, trois, quatre, cinq.*

4. *Comment s'appelle aussi le nombre UN?* — Le nombre UN s'appelle aussi UNITÉ.

5. *N'y a-t-il pas différentes sortes d'unités?* — Il y a différentes sortes d'unités, selon le mot qui suit le nombre *un.* Ainsi, un livre, une pomme, un franc, une heure, sont différentes sortes d'unités.

6. *Combien de sortes principales de nombres?* — Il y a deux sortes principales de nombres : les *nombres entiers* et les *fractions.*

7. *Qu'est ce qu'un nombre entier?* — Un nombre *entier* est celui qui représente une ou plusieurs fois l'unité entière ; par exemple, trois livres, deux pommes, un franc, quatre heures.

8. *Qu'est-ce qu'une fraction?* — On appelle *fraction* un nombre qui représente une ou plusieurs parties de l'unité; par exemple, un quart d'orange, deux tiers de pomme, une demi-heure.

9. *Qu'est-ce que compter?* — Nommer les nombres les uns après les autres à partir du nombre *un*, s'appelle *compter.* Ainsi, on compte les pommes qu'il y a dans un panier en les prenant une à une et en disant : *une, deux, trois, quatre,* et ainsi de suite.

10. *Comment appelle-t-on tout ce qui peut se comp-

ter?—Tout ce qui peut se compter s'appelle une *quan-tité*. Ainsi, les pommes qu'il y a dans un panier sont une quantité ; de même les pièces de monnaie qui remplissent un sac, et les heures qui composent un jour, sont des quantités.

11. *Remarque.* Le mot *quantité* a aussi un autre sens qui sera dit plus tard (*Voy.* chapitre IX)

12. *Qu'est-ce que calculer ?* — Chercher un nombre qu'on ne connaît pas, au moyen de plusieurs autres nombres connus d'avance, s'appelle *calculer.* Par exemple, ayant mis plusieurs fois des pommes dans un panier, si l'on sait combien on en a mis chaque fois, on pourra savoir combien il y en a en tout dans le panier sans les compter : on saura cela en calculant.

13. *Combien de parties principales dans l'arithmétique ?* — L'arithmétique se divise en deux parties principales : la *numération*, qui apprend à compter ; et le *calcul*, qui apprend à calculer.

CHAPITRE PREMIER

Numération des nombres entiers.

14. *Qu'est-ce que la numération ?* — La *numération* est la partie de l'arithmétique qui apprend à nommer et à écrire les nombres.

15. *Combien de numérations ?* — Il y a deux numérations : la *numération parlée* et la *numération écrite.*

ARTICLE PREMIER

Numération parlée.

16. *But de la numération parlée.* — La numération parlée a pour but d'apprendre à nommer les nombres très-simplement et avec très-peu de mots.

Nombres de un à dix et de dix à vingt

17. *Comptez depuis* un *jusqu'à* dix ? — Je compte depuis un jusqu'à dix en disant : un, *deux, trois, quatre, cinq, six, sept, huit, neuf,* dix.

18. *Comment s'appelle aussi le nombre dix?* — Le nombre *dix* s'appelle aussi une *dizaine.*

19. *Qu'est-ce que l'unité simple?* — Le premier nombre *un* est appelé quelquefois *unité simple,* pour le distinguer de l'espèce d'unité appelée *dizaine* et des autres espèces d'unités plus grandes. Mais habituellement on dit seulement *unité* au lieu d'unité simple.

20. *Qu'est-ce qu'une dizaine ?* — Une *dizaine* est une espèce d'unité qui vaut dix unités simples.

21. *Comptez de dix à vingt.* — Je compte de *dix* à *vingt* en disant, après dix : *onze, douze, treize, quatorze, quinze, seize, dix-sept, dix-huit, dix-neuf,* vingt.

22. *Que signifient les nombres* onze, douze, treize, *etc., entre* dix *et* vingt ? — *Onze* signifie dix et un ; *douze,* dix et deux ; *treize,* dix et trois ; *quatorze,* dix et quatre ; et ainsi de suite jusqu'à *dix-neuf* qui signifie dix et neuf.

23. *Que signifie le nombre vingt? — Vingt* signifie deux fois dix ou deux dizaines.

Nombres de vingt à soixante.

24. *Comptez de vingt à trente.* — Après vingt, je compte en répétant les neuf premiers nombres, de cette manière : *vingt-un, vingt-deux, vingt-trois, vingt-quatre, vingt-cinq, vingt-six, vingt-sept, vingt-huit, vingt-neuf ;* puis je dis trente.

25. *Que signifie trente? — Trente* signifie trois fois dix ou trois dizaines.

26. *Comptez de trente à quarante.* — Après trente je compte aussi en répétant les neuf premiers nombres, de la même manière : *trente-un, trente-deux, trente-trois,* et ainsi de suite jusqu'à *trente-neuf;* puis je dis quarante.

27. *Que signifie quarante?* — *Quarante* signifie quatre dizaines.

28 *Comptez de quarante à cinquante.* — Après quarante je compte comme après vingt et trente, en disant : *quarante-un*, *quarante-deux*, *quarante-trois*, etc., jusqu'à *quarante neuf*; puis je dis CINQUANTE.

29. *Que signifie cinquante?* — *Cinquante* signifie cinq dizaines.

30. *Comptez de cinquante à soixante.* — Après cinquante je répète encore les neuf premiers nombres, en disant : *cinquante-un, cinquante-deux*, etc., jusqu'à *cinquante neuf*; j'arrive ainsi à SOIXANTE.

31. *Que signifie soixante?* — *Soixante* signifie six dizaines.

Nombres de soixante à cent.

32. *Comptez de soixante à quatre-vingts.* — Après soixante je compte en répétant les dix neuf premiers nombres, de la manière suivante : *soixante-un, soixante-deux, soixante-trois*, etc., jusqu'à SOIXANTE-DIX ; puis *soixante et onze, soixante-douze, soixante-treize*, etc., jusqu'à *soixante-dix-neuf* ; ensuite je dis QUATRE-VINGTS.

33. *Que signifie soixante-dix?* — *Soixante-dix* signifie soixante plus dix, et vaut sept dizaines.

34. *Que signifie quatre-vingts?* — *Quatre-vingts* signifie quatre fois vingt et vaut huit dizaines.

35. *Comptez de quatre-vingts à cent.* — Après quatre-vingts je compte comme après soixante, en disant : *quatre-vingt-un, quatre-vingt-deux*, etc., jusqu'à QUATRE-VINGT-DIX ; puis *quatre-vingt-onze, quatre-vingt-douze*, etc., jusqu'à *quatre-vingt-dix-neuf*. Ensuite je dis CENT (1).

36. *Que signifie quatre-vingt-dix?* — *Quatre-vingt-*

(1) Dans quelques départements on dit *septante* au lieu de soixante-dix, *octante* au lieu de quatre-vingts, *nonante* au lieu de quatre-vingt-dix.

dix signifie quatre-vingts plus dix, et vaut neuf dizaines.

37. *Comment s'appelle aussi le nombre cent ?*—Le nombre CENT s'appelle aussi une *centaine*.

38. *Qu'est-ce qu'une centaine ? — Cent* ou une *centaine* est une espèce d'unité qui vaut dix dizaines.

Nombres de cent à mille.

39. *Comment comptez-vous de cent à deux cents ?* — Après *cent* je compte en me servant du nombre cent auquel j'ajoute tous les nombres précédents, de cette manière : *cent un, cent deux, cent trois, cent quatre*, etc., jusqu'à *cent quatre-vingt-dix-neuf*; puis je dis *deux cents*.

40. *Que signifie deux cents? — Deux cents* signifie deux fois le nombre cent, ou deux centaines.

41. *Comment comptez-vous de deux cents à trois cents? —* Après *deux cents* je compte de même en répétant les quatre-vingt-dix-neuf premiers nombres, de cette manière : *deux cent un, deux cent deux, deux cent trois*, etc., jusqu'à deux cent quatre-vingt-dix-neuf; je dis ensuite *trois cents*.

42. *Comment comptez-vous de trois cents à mille ?* — De même que je dis *deux cents, trois cents*, je dis aussi *quatre cents, cinq cents, six cents, sept cents, huit cents, neuf cents*, et après chacun de ces nombres je répète les quatre-vingt-dix-neuf premiers nombres ; je finis en disant *neuf cent quatre-vingt-dix-neuf*. Ensuite, au lieu de dire dix cents ou dix fois cent, je dis MILLE.

43. *Qu'appelle-t-on première classe d'unités ou classe des unités simples? —* Les trois premières espèces d'unités, unités simples, dizaines et centaines, font ensemble ce qu'on appelle la *première classe* d'unités ou la CLASSE DES UNITÉS SIMPLES.

Résumé de la numération des nombres entiers au-dessous de mille.

44. *Quelles sont les différentes espèces d'unités au-dessous de mille ?* — Il y a, au-dessous de mille, trois espèces d'unités de dix en dix fois plus grandes :

> L'*unité simple* ou *un*,
> La *dizaine* ou *dix*,
> La *centaine* ou *cent*.

45. Règle pour nommer les nombres au-dessous de mille. — Pour nommer un nombre plus petit que mille, on dit combien le nombre a de centaines, de dizaines et d'unités, de la manière suivante : pour dire combien il a de centaines, on dit *cent, deux cents, trois cents...* jusqu'à *neuf cents* ; pour dire combien il a de dizaines, on dit *dix, vingt, trente, quarante, cinquante, soixante, soixante-dix, quatre-vingts, quatre-vingt-dix* ; pour dire combien il a d'unités, on dit *un, deux, trois, quatre, cinq, six, sept, huit, neuf.* Il y a seulement exception pour quelques nombres : *onze, douze, treize, quatorze, quinze, seize*, qui signifient dix et un, dix et deux, dix et trois, dix et quatre, dix et cinq, dix et six.

Nombres depuis mille jusqu'à un million,

46. *Qu'est-ce que le mille ?* — Le mille est une espèce d'unité qui vaut dix centaines ou mille unités simples.

47. *Comment compte-t-on de mille à un million ?* — Après *mille* on compte en disant combien il y a de mille, de cette manière : *un* mille ou simplement mille, *deux* mille, *trois* mille, *quatre* mille... *dix* mille... *cent* mille... jusqu'à *neuf cent quatre-vingt-dix-neuf* mille ; puis on ajoute, après les mille, le nombre de la classe des unités simples.

Par exemple on dit : *Quatre cent cinquante* mille *vingt-huit* unités.

Au-dessus de *neuf cent quatre-vingt-dix-neuf* mille *neuf cent quatre-vingt-dix-neuf* unités, au lieu de dire *mille* mille, ou mille fois mille, on dit un million.

48. *Qu'est-ce que la dizaine de mille et la centaine de mille ?* — La *dizaine de mille* est une espèce d'unité qui vaut dix mille, et la *centaine de mille* est une espèce d'unité qui vaut dix dizaines de mille.

49. *Comment se compose la deuxième classe d'unités ou la classe des mille ?* — Les mille ou unités de mille, les dizaines de mille, les centaines de mille, font ensemble la *deuxième classe* d'unités appelée CLASSE DES MILLE.

Nombres depuis un million jusqu'à un billion et au-dessus.

50. *Qu'est-ce que le million ?* — Le MILLION est une espèce d'unité qui vaut dix centaines de mille ou mille mille.

51. *Comment compte-t-on d'un million à un billion ?* — On compte les millions comme on compte les mille, en disant : *un* MILLION, *deux* MILLIONS, *trois* MILLIONS..., *dix* MILLIONS, *cent* MILLIONS..., jusqu'à *neuf cent quatre-vingt-dix-neuf* MILLIONS ; et après les MILLIONS on ajoute le nombre de la classe des MILLE et celui de la classe des UNITÉS.

Par exemple, on dit :

Quarante-neuf MILLIONS *cent trois* MILLE *quatre cent treize* UNITÉS ; — *trois cent dix-neuf* MILLIONS *quatre cent vingt-trois* UNITÉS.

Au-dessus de *neuf cent quatre-vingt dix-neuf* MILLIONS *neuf cent quatre-vingt-dix-neuf* MILLE *neuf cent quatre-vingt-dix-neuf* UNITÉS, au lieu de dire *mille* MILLIONS, on dit un BILLION ou un MILLIARD.

52. *Qu'est-ce que la dizaine de millions et la centaine de millions ?* — La *dizaine de millions* est une espèce d'unité qui vaut dix millions, et la *centaine de millions* est une espèce d'unité qui vaut dix dizaines de millions.

53. *Comment se compose la troisième classe d'unités ou la classe des millions ?* — Les millions ou unité de million, les dizaines de millions, les centaines de millions font ensemble la *troisième classe* d'unités appelée CLASSE DES MILLIONS.

1.

54. *Qu'est-ce que le billion ou milliard ?* — Le BILLION OU MILLIARD est une espèce d'unité qui vaut dix centaines de millions ou mille millions.

55. *Comment compte-t-on au-dessus d'un billion ?* — On compte les billions ou milliards comme on compte les millions et les mille, depuis *un* BILLION jusqu'à *neuf cent quatre-vingt-dix-neuf* BILLIONS ; on ajoute à la suite les nombres de la classe des MILLIONS, de la classe des MILLE et de la classe des UNITÉS.

Par exemple on dit : *quinze* BILLIONS *cent trois* MILLIONS *deux* MILLE *quarante-six* UNITÉS.

56. *Comment se compose la classe des billions ou milliards ?* — Les billions ou unités de billion, les dizaines de billions, les centaines de billions font ensemble la *quatrième classe* d'unités appelée CLASSE DES BILLIONS ou des MILLIARDS.

57. *Qu'est-ce que le trillion ?* — Le trillion est une espèce d'unité qui vaut mille billions.

58. *Comment se compose la classe des trillions ?* — Les trillions, les dizaines de trillions, les centaines de trillions font la *cinquième classe* d'unités appelée CLASSE DES TRILLIONS.

59. *Y a-t-il des classes d'unités au-dessus des trillions ?* — Il y a d'autres classes d'unités de mille en mille fois plus grandes au-dessus des trillions (1). Mais les trillions et les billions suffisent à tous les usages.

60. *N'y a-t-il pas une seconde manière de nommer certains nombres ?* — Au lieu de dire *mille cent, mille deux cents, mille trois cents,* etc., jusqu'à *mille neuf cents,* on dit également bien *onze cents, douze cents, treize cents,* etc., jusqu'à *dix-neuf cents.* On dit aussi *onze cent mille, douze cent mille,* etc., jusqu'à *dix-neuf cent mille,* au lieu de *un million cent mille, un million deux cent mille,* etc. De même on dit *onze cent millions, douze cent millions,* etc., jusqu'à *dix-*

(1) Ces classes d'unités portent le nom de *quatrillions, quintillions,* etc.

neuf cent millions; et ainsi de suite pour les classes supérieures aux millions.

Résumé général de la numération parlée.

61. PRINCIPE FONDAMENTAL DE LA NUMÉRATION PARLÉE. — Dix unités d'une espèce quelconque font une unité d'une espèce plus grande.

62. *Quelles sont les différentes espèces d'unités?* — Les différentes espèces d'unités sont : les unités simples, les dizaines, les centaines ; — les mille ou unités de mille, les dizaines de mille, les centaines de mille ; — les millions ou unités de million, les dizaines de millions, les centaines de millions ; les billions ou milliards, les dizaines de billions, les centaines de billions ; — les trillions, les dizaines de trillions, les centaines de trillions, etc.

63. *Comment se comptent les unités de chaque espèce ?* — Les unités de chaque espèce se comptent depuis une jusqu'à neuf.

64. *Qu'est-ce qu'une classe d'unités?* — Une *classe* d'unités est la réunion d'unités, dizaines et centaines.

65. *Quelles sont les différentes classes d'unités?* — Les trois premières espèces d'unités, unités, dizaines et centaines, font ensemble la classe des *unités simples* ; les trois espèces suivantes, la classe des *mille;* les trois suivantes, la classe des *millions* ; les trois suivantes, la classe des *billions* ou *milliards* ; les trois suivantes, la classe des *trillions* ; etc.

66. DEUXIÈME PRINCIPE DE LA NUMÉRATION PARLÉE. — Mille unités d'une classe quelconque font une unité d'une classe plus grande.

67. *Comment se comptent les unités de chaque classe?* — Les unités de chaque classe se comptent depuis une jusqu'à neuf cent quatre-vingt-dix-neuf.

68. RÈGLE POUR NOMMER UN NOMBRE QUELCONQUE. — Pour nommer un nombre qui contient une seule classe d'unités, on dit le nombre d'unités de chaque espèce de cette classe, en ajoutant à la fin le nom de la classe. — Pour nommer un nombre composé de plusieurs classes, on dit le nombre de chaque classe comme s'il était seul.

Tableau des espèces d'unités et des classes.

Espèces d'unités.	Classes.
Unités	
Dizaines	} Première classe : UNITÉS.
Centaines	

Mille Dizaines de mille Centaines de mille	Deuxième classe : MILLE.
Millions Dizaines de millions Centaines de millions	Troisième classe : MILLIONS.
Billions ou milliards Dizaines de billions Centaines de billions	Quatrième classe : BILLIONS ou MILLIARDS.
Trillions Dizaines de trillions Centaines de trillions	Cinquième classe : TRILLIONS.
Etc.	Etc.

ARTICLE SECOND

Numération écrite.

69. *But de la numération écrite.* — La *numération écrite* a pour but d'écrire tous les nombres très-simplement avec quelques caractères d'écriture qu'on appelle *chiffres*.

70. *Combien emploie-t-on de chiffres pour écrire les nombres et quels sont-ils?* — Pour écrire tous les nombres on n'emploie que dix chiffres :

1, 2, 3, 4, 5, 6, 7, 8, 9, 0.

un, deux, trois, quatre, cinq, six, sept, huit, neuf, zéro.

71. *Que signifie le zéro?* — Le zéro ne signifie aucun nombre. Il a en arithmétique le même sens que, dans le langage ordinaire, le mot *rien*.

72. *Qu'appelle-t-on chiffres significatifs?* — Les chiffres autres que zéro signifiant des nombres, s'appellent pour cette raison chiffres *significatifs*.

73. PRINCIPE FONDAMENTAL DE LA NUMÉRATION ÉCRITE. — Tout chiffre placé à la gauche d'un autre représente des unités dix fois plus grandes que celles qui sont représentées par cet autre chiffre.

74. *Explication de ce principe.* — Pour écrire tous les nombres avec les dix chiffres, on est *convenu* que le premier chiffre à droite d'un nombre entier représenterait des unités simples, que le second chiffre en allant vers la gauche représenterait des dizaines, le troisième chiffre des centaines, le quatrième des mille, le cinquième des dizaines de mille, et ainsi de suite.

75. *Utilité de ce principe.* — Au moyen de ce principe, quand on écrit un nombre, il n'est pas besoin, à côté de chaque chiffre, d'écrire le nom de chaque espèce d'unité ; car, en mettant un chiffre à une certaine place, cette place dit toute seule quelle est l'espèce d'unité que le chiffre représente. Par exemple, si un chiffre est à la seconde place, cela signifie que ce chiffre représente des dizaines.

76. *Utilité du zéro.* — Le zéro, quoique ne signifiant aucun nombre, est utile dans la numération, ainsi qu'on le verra dans les exemples, parce que, tenant une place, il fait occuper aux différentes espèces d'unités la place qui leur convient.

Ecriture des nombres.

77. PREMIÈRE RÈGLE, POUR ÉCRIRE UN NOMBRE AU-DESSOUS DE MILLE. — On représente par un chiffre chaque espèce d'unité qui est nommée, en commençant par la plus grande, qu'on place à gauche. Si une espèce d'unité manque à partir de celle-ci, vers la droite, on la représente par un zéro.

78. *Exemples.* — *Premier exemple.* — Le nombre trente-quatre *unités* (ou simplement, par abréviation, trente-quatre) s'écrit 34.

Le 3, dans 34, étant au second rang à gauche, représente trois *dizaines* ou trente ; le 4, au premier rang à droite, quatre *unités*.

Deuxième exemple. — Cent dix-sept, c'est-à-dire une *centaine* une *dizaine* sept *unités*, s'écrit 117.

1, au troisième rang à gauche, exprime une *centaine* ou cent ; 1, au deuxième rang, une *dizaine* ou dix ; 7, sept unités.

Troisième exemple. — Soixante-dix-huit, ou sept *dizaines* huit *unités*, s'écrit 78.

Quatrième exemple. — Treize, ou dix et trois, 13.

Cinquième exemple. Quatre-vingt-quinze, c'est-à-dire quatre-vingt-dix et cinq, ou neuf *dizaines* cinq *unités*, 95.

Sixième exemple. — Deux cent trois, c'est-à-dire deux *centaines* (aucune dizaine) trois *unités*, 203.

Septième exemple. — Soixante-dix, ou sept *dizaines* (pas d'unités), 70.

Huitième exemple. — Trois cents, (pas de dizaines ni d'unités), 300.

79. Deuxième règle, pour écrire un nombre quelconque. — On écrit, d'après la première règle, le nombre de chaque classe, à partir de la plus grande qui est nommée jusqu'à celle des unités simples. Si une ou plusieurs espèces d'unités manquent au commencement d'une classe, excepté de la première à gauche, on les représente par un ou plusieurs zéros. Si une classe entière manque, on la représente par trois zéros. — D'après cela, on voit que chaque classe, excepté la première à gauche, s'écrit toujours par trois chiffres.

80. *N'est-il pas d'usage de partager les nombres en tranches de trois chiffres?* — Quand on écrit des nombres au-dessus de mille, il est d'usage, ainsi qu'on va le voir dans les exemples, de mettre un point ou de laisser un espace blanc entre les différentes classes. On a ainsi ce qu'on appelle des *tranches*, de trois chiffres chacune, excepté la première tranche à gauche qui peut n'avoir qu'un ou deux chiffres. Ces tranches s'appellent, comme les classes qu'elles représentent, tranche des *unités*, tranche des *mille*, tranche des *millions*, etc. — Le partage d'un nombre en tranches de trois chiffres rend plus facile l'écriture et surtout la lecture de ce nombre.

81. *Exemples.* — *Premier exemple.* — Le nombre neuf mille deux cent soixante-quatre unités (ou simplement neuf mille deux cent soixante-quatre) s'écrit 9.264.

Deuxième exemple. — mille cinquante-trois (pas de centaines) 1.053.

Troisième exemple. — Vingt mille cinquante, 20.050.

Quatrième exemple. — Quarante-cinq mille huit, 45.008.

Cinquième exemple. — Vingt-huit mille unités, ou simplement vingt-huit mille, (la classe des unités manque). 28.000.

Sixième exemple. — Quatorze cent quatre-vingts, ou MILLE quatre cent quatre-vingts, 1.480.

Septième exemple. — Trente-sept MILLIONS cent vingt-quatre MILLE trois cent quinze, 37.124.315.

Huitième exemple. — Six cent MILLIONS cent trois MILLE deux cents, 600.103.200.

Neuvième exemple. — Cinq MILLIONS trois MILLE deux cent quarante, 5.003.240.

Dixième exemple. — Soixante MILLIONS soixante-quinze (la classe des mille manque), 60.000.075.

Onzième exemple. — Deux cent MILLIONS, 200.000.000.

Douzième exemple. — Dix-neuf cent MILLE treize, ou un MILLION neuf cent MILLE treize, 1.900.013.

Treizième exemple. — Trois BILLIONS sept cent MILLIONS vingt-cinq MILLE quatre UNITÉS, 3.700.025.004.

Quatorzième exemple. — Quarante MILLIARDS quarante-cinq UNITÉS, 40.000.000.045.

Quinzième exemple. — Treize cent cinquante MILLIONS ou un MILLIARD trois cent cinquante MILLIONS, 1.350 000.000.

Seizième exemple. — Quinze TRILLIONS huit MILLIONS trente MILLE, 15.000.008.030.000.

82. *Comment s'assure-t-on qu'un nombre est bien écrit ?* — Pour s'assurer qu'on ne s'est pas trompé en écrivant un nombre, on nomme les différentes espèces d'unités de droite à gauche, unités, dizaines, centaines, etc., en suivant du doigt les chiffres, et l'on voit si chaque chiffre est bien à son rang, celui des unités au 1er rang, celui des dizaines au 2e rang, et ainsi de suite. (Voyez n° 74, p. 16). Si un chiffre n'était pas à son rang, c'est qu'on aurait oublié un ou plusieurs zéros. — Quand le nombre se compose de plusieurs classes d'unités, on peut compter les chiffres trois par trois et s'assurer ainsi que chaque classe, avec ses trois chiffres, est au rang qui lui convient.

Lecture des nombres.

83. PREMIÈRE RÈGLE, POUR LIRE UN NOMBRE DE TROIS CHIFFRES AU PLUS. — Pour lire un nombre qui n'a pas plus de trois chiffres, on lit chaque chiffre significatif, en nommant, d'après les règles de la numération parlée, l'espèce d'unité qu'il représente. Les zéros ne

se prononcent pas. On sous-entend habituellement le nom des unités simples.

84. *Exemples.* — *Premier exemple.* — 567 se lit cinq cent soixante-sept (c'est-à-dire cinq *centaines* six *dizaines* sept *unités*).

Deuxième exemple. — 15 se lit quinze. (ou 1 diz. et 5 un.)
Troisième exemple. — 402, quatre cent deux.
Quatrième exemple. -- 50, cinquante.
Cinquième exemple. — 100, un cent ou simplement cent.

85. DEUXIÈME RÈGLE, POUR LIRE UN NOMBRE QUEL-CONQUE. — On partage le nombre par des points, en tranches de trois chiffres chacune en commençant par la droite, de sorte que la première tranche à gauche peut n'avoir qu'un ou deux chiffres. Puis, commençant par la gauche, on lit chaque tranche séparément comme un nombre de trois chiffres, en donnant à chacune le nom de la classe d'unités qu'elle représente.

86. *Exemples.* — *Premier exemple.* — 67032 ou 67.032, se lit 67 mille 32 unités ou simplement 67 mille 32.

Deuxième exemple. — 54 027 004 se lit 54 millions 27 mille 4 unités.

Troisième exemple. — 4 000 056 se lit 4 millions 56 unités.

Quatrième exemple. — 50 000 se lit 50 mille.

Cinquième exemple. -- 1 547 se lit mille cinq cent quarante-sept, ou quinze cent quarante-sept.

Sixième exemple.—1 400 000 se lit 1 million 400 mille, ou quatorze cent mille.

Septième exemple. — 45 000 044 000 se lit 45 milliards 44 mille.

Huitième exemple. — 8 025 613 000 000 se lit 8 trillions 25 billions 613 millions.

87. *Zéro devant un nombre entier change-t-il la valeur du nombre ?* — Zéro devant un nombre entier ne change pas la valeur du nombre et ne se lit pas. Ainsi 067, et 0067 sont la même chose que 67 ; car dans ces trois nombres, les chiffres 6 et 7 occupent chacun la même place à partir de la droite et représentent par conséquent les mêmes espèces d'unités, 6 dizaines et 7 unités

88. *Quel est l'effet de zéro à la droite d'un nombre entier ?*—Zéro à la droite d'un nombre entier change la valeur du nombre. Un seul zéro rend le nombre 10 fois plus grand ; deux zéros le rendent 100 fois plus grand ; trois zéros le rendent mille fois plus grand ; et ainsi de suite. Par exemple, 670 est 10 fois plus grand que 67 ; 6700 est 100 fois plus grand ; 67000 est 1000 fois plus grand.

89. *Pourquoi zéro à la droite d'un nombre entier rend-il le nombre* 10 *fois,* 100 *fois.* 1000 *fois plus grand ?* — En mettant un ou plusieurs zéros à la droite d'un nombre entier, tous les chiffres sont reculés d'un ou de plusieurs rangs vers la gauche ; ils expriment donc des unités 10 fois, 100 fois, 1000 fois plus grandes. C'est pourquoi le nombre composé de ces chiffres est devenu 10 fois, 100 fois, 1000 fois plus grand.

90. *N'écrit-on pas* PREMIER, DEUXIÈME, *etc.,* PREMIÈREMENT, DEUXIÈMEMENT, *etc. , au moyen des nombres ?* — Ces mots et tous les autres semblables s'écrivent souvent au moyen des nombres, de la manière suivante : Par exemple, premier s'écrit 1er; deuxième, 2me ou 2e ; troisième, 3me ou 3°, etc. Premièrement s'écrit 1° ; deuxièmement, 2° ; troisièmement, 3°, etc.

91. *Qu'appelle-t-on nombres pairs et nombres impairs ?* — On appelle nombres *pairs* ceux qui contiennent 2 un nombre de fois exact, par exemple 2, 4, 6, 8, 10 ; et nombres *impairs* ceux qui ne contiennent pas 2 exactement, par exemple 1, 3, 5, 7, 9.

92. *Quels sont les nombres pairs et quels sont les nombres impairs?* — Tous les nombres terminés par les chiffres 2, 4, 6, 8, 0, sont des nombres pairs ; ceux terminés par les chiffres 1, 3, 5, 7, 9, sont des nombres impairs.

93. *Outre les chiffres, n'emploie-t-on pas en arithmétique d'autres signes particuliers?* — Outre les chiffres on emploie en arithmétique certains autres signes d'écriture utiles à connaître. Ainsi, au lieu d'écrire en lettres le mot *égale*, on écrit simplement deux barres couchées l'une sur l'autre de cette manière =. Ce signe s'appelle signe *égale*. De même on écrit une croix + pour signifier *plus*, et une simple barre — pour signifier *moins*. — On apprendra à connaître les autres signes à mesure qu'on étudiera le calcul.

94. *Qu'appelle-t-on chiffres arabes ?* — Les chiffres 1, 2, 3, 4, etc., employés ordinairement dans la numération, sont appelés *chiffres arabes*, parce que ce sont les Arabes qui nous les ont appris.

Chiffres romains.

95. *Qu'appelle-t-on chiffres romains ?*—Les *chiffres romains* sont des chiffres employés autrefois par les Romains et qu'on emploie encore souvent aujourd'hui.

96. *Quels sont les chiffres romains?* — Les chiffres romains employés le plus souvent sont les lettres majuscules suivantes :

I	V	X	L	C	D	M
1	5	10	50	100	500	1000

97. PREMIER PRINCIPE POUR ÉCRIRE LES NOMBRES EN CHIFFRES ROMAINS. — Lorsqu'un chiffre placé à la droite d'un autre est égal ou inférieur à lui, les valeurs des deux chiffres s'ajoutent ensemble.

98. DEUXIÈME PRINCIPE. — Lorsque le chiffre de gauche est plus faible que le chiffre de droite, la valeur du premier chiffre se retranche de celle du second.

99. *Exemples de nombres écrits en chiffres romains:*

II signifie	2	XXIX signifie	29
VI —	6	XL —	40
IV —	4	LXXII —	72
VII —	7	XCIX —	99
IX —	9	CDXX —	420
XI —	11	MD —	1500
XVIII —	18	MDCCCLXIX —	1869

100. *Quel usage particulier fait-on des chiffres romains?* — On emploie ordinairement les chiffres romains à la place des mots premier, second, troi-

sième, etc. Par exemple, au lieu d'écrire CHAPITRE PREMIER, CHAPITRE SECOND, CHAPITRE TROISIÈME, on écrit CHAPITRE I, CHAPITRE II, CHAPITRE III.

Exercices sur la numération (1).

NOMBRES A ÉCRIRE EN CHIFFRES.

1º *Nombres au-dessous de mille.*

(Voir la 1re règle, numéro 77, page 17.)

1. Dix-sept ; soixante-sept ; cinquante-huit; vingt-quatre ; quarante-un. (*Voyez* 1er exemple, n° 78).

2. Quatre cent dix-huit; cent trente-cinq; trois cent vingt-sept; cent soixante-six; deux cent dix-neuf (2e exemple).

3. Soixante-dix-sept; quatre-vingt-quatre; quatre vingt-dix-huit; soixante-dix-neuf; quatre-vingt-dix-neuf (3e ex.).

4. Quinze; onze; seize; douze; quatorze (4e ex.).

5. Soixante-quinze ; soixante et onze ; quatre vingt-treize soixante-quatorze; quatre-vingt-onze (5e ex.).

6. Quatre cent huit ; cinq cent un ; neuf cent neuf ; sept cent six; cent un (6e ex.).

7. Cinquante; vingt; dix; quatre-vingts; quatre-vingt-dix (7e ex.).

8. Six cents; huit cents; quatre cents; cent; neuf cents (8e ex.).

9. Trois cent treize ; cent soixante-quinze ; cent dix ; huit cent soixante-dix ; neuf cent quatre-vingt-dix-neuf (ex. mêlés).

NOTA. — On pourra en outre donner à écrire plusieurs séries de nombres, par exemple de un à cent, de cent à deux cents, etc. De même pour les nombres au-dessus de mille.

2º *Nombres depuis mille.*

[(Voir la 2e règle, n°s 79 et 80, p. 18.)

10. Trois mille deux cent vingt-neuf; sept mille cent quatorze; deux mille cent soixante-douze (Voy. 1er ex., n° 81).

11. Quarante-un mille cent trois; treize mille deux cent quinze; quatre-vingt-dix mille trois cent quarante (1er ex.).

(1) Voir au sujet des exercices le NOTA en tête du volume. Ici, par exemple, on peut faire écrire une première fois le premier nombre des cinq premiers exercices ou des neuf premiers, une autre fois le second nombre des mêmes exercices, de sorte que tous les cas sont passés en revue plusieurs fois de suite.

12. Trois cent deux mille cinq cent soixante; cent vingt mille cent trente-cinq; neuf cent quatre-vingt dix-neuf mille neuf cent quatre-vingt-dix-neuf (1ᵉʳ ex.).

13. Cinq mille trente-deux; vingt-neuf mille dix-neuf; cent trois mille treize (2ᵉ ex.).

14. Vingt mille vingt; cent dix mille soixante-dix; deux cent quarante mille dix (3ᵉ ex.).

15. Deux mille neuf ; soixante mille sept ; six cent quatre-vingt mille deux (4ᵉ ex.).

16. Quinze mille ; mille ; cent quatre-vingt-dix mille (5ᵉ ex.).

17. Cent cinquante mille ; neuf cent mille ; cent mille (5ᵉ ex.).

18. Dix-huit cent quarante; douze cent treize; quinze cent dix (6ᵉ ex.).

3° *Nombres depuis un million.*

(Même règle, p. 18.)

19. Huit millions neuf cent quinze mille quatre cent vingt-cinq; trente-un millions cent onze mille deux cent trente-trois; sept cent quarante-six millions deux cent soixante-quinze mille cent quatorze (7ᵉ ex.).

20. Dix millions cent vingt mille trois cent quatre; cinq cent millions cinq cent un mille cent; cent millions trois cent mille cent (8ᵉ ex.).

21. Huit millions cinquante-trois mille six cent quatre; dix millions soixante-neuf mille quarante; vingt-cinq millions sept mille cent cinquante (9ᵉ ex.).

22. Soixante millions quatre mille deux cent treize; cinq cent millions deux mille neuf; cent quinze millions mille quinze (9ᵉ ex.).

23. Quatre millions sept cent trois; dix millions cinquante-deux; cinq cent millions trois cent dix (10ᵉ ex.).

24. Cinquante millions trois unités ; cent millions cent unités; deux cent millions une unité (10ᵉ ex.).

25. Deux millions; vingt-cinq millions; neuf cent millions (11ᵉ ex.).

26. Dix-sept cent mille cinquante-sept; treize cent cinquante mille; onze cent quatre-vingt, mille trois cent quatre (12ᵉ ex.).

27. Vingt-sept billions soixante millions quatre cent trois mille trente-deux; cent billions trente-trois mille cinquante-deux ; huit cent billions quatre millions cent dix-sept unités. (13ᵉ ex.).

28. Cent milliards cent mille; cinquante billions deux cent quatre-vingt-dix unités; vingt milliards (14ᵉ ex.).

29. Cent billions cent mille cent unités; deux milliards quarante-cinq millions; cent milliards (14° ex.).

30. Dix-neuf cent millions cinquante mille; onze cent millions; quinze cent millions quinze cents unités (15° ex.).

31. Huit trillions cinq cent billions quarante millions cinquante mille unités; quinze trillions cent vingt-cinq billions; un trillion cinq cent millions (16° ex.).

32. Cent trillions cent mille unités; huit cent trillions; onze cent milliards (15° et 16° ex.).

4° *Nombres mêlés.*

(Même règle, tous les exemples.)

33. Onze mille trois cent quarante; un million sept cents; cent un mille cent deux.

34. Soixante-dix-sept mille; sept cent millions; onze cent mille cent quarante-un.

35. Quatre cent mille cinq cent quatre; dix millions; quatre cent mille un.

36. Soixante-dix millions quatre-vingt-dix mille; cinquante milliards; douze cent millions.

37. Neuf trillions neuf cent millions; cinq cent trillions cinq cent mille cinq cents; quinze cent milliards.

NOMBRES A LIRE.

1° *Nombres au-dessous de mille.*

(Voir la 1ʳᵉ règle, n° 83, page 19.)

On peut commencer par faire lire de vive voix les numéro des différents paragraphes du cours et des exercices, soit da le chapitre premier, soit dans les chapitres suivants.

38. — 48; 81; 59; 654; 531; 361 (Voy. n° 84, 1ᵉʳ ex.).

39. — 12; 16; 73; 91; 75; 94 (2° ex.).

40. — 804; 701; 107; 101; 506; 309 (3° ex.).

41. — 30; 70; 10; 60; 20; 90 (4° ex.).

42. — 800; 700; 100; 400; 900; 500 (5° ex.).

2° *Nombres depuis mille.*

(2° règle, n° 85, p. 20.

43. — 5478; 56410; 43925; 20413; 519495 (n° 86, 1 ex.).

44. — 3067; 45007; 50047; 450068; 400070 (1ᵉʳ ex.).

45. — 9413215; 20137400; 4500421; 10210115; 8100100 (2° ex.).

46. — 8967025 ; 1006457 ; 7004008 ; 8085009; 40004006 (2° ex.).

47. — 6000516; 65000047; 6000004; 90000090; 30000008 (3° ex.).

48. — 4000; 50000; 800000; 3500000; 200000000 (4° ex.).

49. — 1800; 1647; 1150; 1380; 1400 (5° ex.).

50. — 1200400 ; 1503245 ; 1100200 ; 1500000 ; 1800015 (6° ex.).

51. — 5125402135; 92413103200; 8035046009; 10004057018 ;. 50004003002 (7° ex.).

52. — 4000413095; 2000015008; 15000000976; 3000000000; 6000075001; (7° et 8° ex.).

53. — 1300000; 1570000 ; 1800000000 ; 1500000000000; 1100500000000 (6°, 7° et 8° ex.).

54. — 15000000800 ; 6750004000002 ; 500000000000 ; 500000500000500 ; 875000000400009 (7° et 8° ex.).

3° *Nombres mêlés.*

(Même règle.)

55. — 9000; 1100; 502500; 14000000; 1900000.

56. — 501150; 400000540; 9000000; 1950; 1800000000.

57. — 1407;100001;1001001;4250004250; 1000000000000.

On pourra en outre donner à lire dans les chapitres suivents, les nombres des exemples et des exercices de calcul.

Exercices divers.

58. Quelle différence y a-t-il entre 41 et 041 ?... Pourquoi ? (Voir n° 87, p. 20.)

59. Quelle différence entre 004 et 4 ?... Pourquoi ?

60. Combien de fois 420 est-il plus grand que 42 ?... Pourquoi ? (N° 88.)

61. Combien de fois 8500 est-il plus grand que 85 ? Combien de fois 30000 est-il plus grand que 3 ?... Pourquoi ?

62. Rendre le nombre 8 dix fois plus grand, et 15 cent fois plus grand (n° 88).

63. Rendre le nombre 40 cent fois plus grand, et 47 mille fois plus grand.

64. Distinguer dans les exercices 38 à 42 les nombres pairs et les nombres impairs (Voy. n° 90 et 91, p. 21).

65. Lire les expressions suivantes (Voy. n° 93, p. 21) :

$$5 + 1 = 6; \quad 5 + 2 = 7; \quad 9 - 1 = 8; \quad 9 - 2 = 7.$$

NOMBRES ROMAINS A LIRE.

(Voy. 1er et 2e principes, nos 97 et 98, p. 22.)

66. III, V, VIII, X, XII, XIV.
67. XV, XVI, XVIII, XX, XXV, XXII.
68. XXXIV, XXXVI, XXXIX, LI, LIII, LIV.
69. LIX, XLI, XLIV, XLIX, XLVIII, LX.
70. LXI, LXV, LXVI, LXVII, LXIX, LXIV.
71. LXXX, LXXIV, LXXVI, LXXXIX, LXXIX, LXXXVI.
72. CV, XC, XCI, XCIV, XCV, XCXVII.
73. CXX, CXXIV, CL, CXL, CLXXIV, CXC.
74. CCXXX, CCCIV, CCCXLIX, CCCCL, CDX, CDXC.
75. MD, MDCIX, CMXXV, MDCCCC, MCD, MDCCCLXX.

NOMBRES A ÉCRIRE EN CHIFFRES ROMAINS.

(Mêmes principes.)

76. — 13, 15, 25, 36, 14, 19, 24, 39.
77. — 52, 63, 73, 79, 120, 125, 129, 530.
78. — 800, 470, 504, 427, 801, 614, 940, 949.
79. — 1410, 1440, 1830, 1449, 1599, 2000, 3400, 2619.

CHAPITRE II

Opérations en général. —Addition des nombres entiers.

101. *Qu'est-ce qu'une opération ?* — On appelle *opération*, en arithmétique, ce que l'on fait pour calculer.

102. *Qu'est-ce que le résultat d'une opération ?* — On appelle *résultat* d'une opération le nombre qu'on trouve en faisant cette opération.

103. *Combien y a-t-il d'opérations principales, en arithmétique ?* — Il y a, en arithmétique, quatre opérations principales : *l'addition*, la *soustraction*, la *multiplication* et la *division*.

104. *Qu'est-ce que le calcul ?* — Le *calcul* est l'ensemble des opérations de l'arithmétique.

Addition des nombres entiers.

105. *Qu'est-ce que l'addition ?* — L'*addition* est une opération par laquelle on réunit plusieurs nombres pour en faire un seul équivalent.

106. *Comment s'appelle le résultat de l'addition ?* — Le résultat de l'addition s'appelle *somme* ou *total*.

107. *Signe de l'addition.* — Pour indiquer qu'un nombre doit être ajouté ou réuni à un autre, on met le signe $+$, appelé signe *plus*, entre les deux nombres. Par exemple, l'expression $5 + 4$ se lit 5 *plus* 4, et signifie qu'il faut additionner 5 et 4, ce qui fait 9.

Table d'addition.

1	et	1	font	2	4	et	1	font	5	7	et	1	font	8
1	—	2	—	3	4	—	2	—	6	7	—	2	—	9
1	—	3	—	4	4	—	3	—	7	7	—	3	—	10
1	—	4	—	5	4	—	4	—	8	7	—	4	—	11
1	—	5	—	6	4	—	5	—	9	7	—	5	—	12
1	—	6	—	7	4	—	6	—	10	7	—	6	—	13
1	—	7	—	8	4	—	7	—	11	7	—	7	—	14
1	—	8	—	9	4	—	8	—	12	7	—	8	—	15
1	—	9	—	10	4	—	9	—	13	7	—	9	—	16
2	et	1	font	3	5	et	1	font	6	8	et	1	font	9
2	—	2	—	4	5	—	2	—	7	8	—	2	—	10
2	—	3	—	5	5	—	3	—	8	8	—	3	—	11
2	—	4	—	6	5	—	4	—	9	8	—	4	—	12
2	—	5	—	7	5	—	5	—	10	8	—	5	—	13
2	—	6	—	8	5	—	6	—	11	8	—	6	—	14
2	—	7	—	9	5	—	7	—	12	8	—	7	—	15
2	—	8	—	10	5	—	8	—	13	8	—	8	—	16
2	—	9	—	11	5	—	9	—	14	8	—	9	—	17
3	et	1	font	4	6	et	1	font	7	9	et	1	font	10
3	—	2	—	5	6	—	2	—	8	9	—	2	—	11
3	—	3	—	6	6	—	3	—	9	9	—	3	—	12
3	—	4	—	7	6	—	4	—	10	9	—	4	—	13
3	—	5	—	8	6	—	5	—	11	9	—	5	—	14
3	—	6	—	9	6	—	6	—	12	9	—	6	—	15
3	—	7	—	10	6	—	7	—	13	9	—	7	—	16
3	—	8	—	11	6	—	8	—	14	9	—	8	—	17
3	—	9	—	12	6	—	9	—	15	9	—	9	—	18

108. *Remarque sur la table d'addition.* — La table précédente donne le même résultat pour deux nombres quel que soit l'ordre dans lequel on les additionne. Par exemple, en disant 5 et 6, on a le même résultat qu'en disant 7 et 5. On pourra donc se servir d'une table d'addition abrégée dans laquelle les mêmes nombres ne se trouveront ensemble qu'une seule fois.

Table d'addition abrégée.

1 et 1 font 2						8 et 1 font 9		
						8 — 2 — 10		
2 et 1 font 3	6 et 1 font 7					8 — 3 — 11		
2 — 2 — 4	6 — 2 — 8					8 — 4 — 12		
	6 — 3 — 9					8 — 5 — 13		
3 et 1 font 4	6 — 4 — 10					8 — 6 — 14		
3 — 2 — 5	6 — 5 — 11					8 — 7 — 15		
3 — 3 — 6	6 — 6 — 12					8 — 8 — 16		
4 et 1 font 5						9 et 1 font 10		
4 — 2 — 6	7 et 1 font 8					9 — 2 — 11		
4 — 3 — 7	7 — 2 — 9					9 — 3 — 12		
4 — 4 — 8	7 — 3 — 10					9 — 4 — 13		
	7 — 4 — 11					9 — 5 — 14		
5 et 1 font 6	7 — 5 — 12					9 — 6 — 15		
5 — 2 — 7	7 — 6 — 13					9 — 7 — 16		
5 — 3 — 8	7 — 7 — 14					9 — 8 — 17		
5 — 4 — 9						9 — 9 — 1		
5 — 5 — 10								

109. *Usage de la table abrégée.* — Dans la table abrégée, le nombre le plus petit des deux qu'on additionne est toujours placé le second. Si l'on a deux nombres à additionner au moyen de cette table, on mettra donc le plus petit le second, au moins par la pensée. Par exemple, pour additionner 5 et 6, on pensera, d'après la table, 6 et 5, et on dira 5 et 6 font 11. De même pour additionner 4 et 8, on pensera 8 et 4, et on dira 4 et 8 font 12. Peu à peu on prend l'habitude de dire cela très-vite.

110. Première règle, pour additionner un nombre d'un seul chiffre avec un nombre quelconque.—On ajoute le nombre d'un seul chiffre, au moyen de la table, au dernier chiffre à droite de l'autre nombre. Si la somme ne surpasse pas 9, le chiffre des dizaines du nombre le plus grand reste le même ; si la somme surpasse 9, le chiffre des dizaines est augmenté de 1.

111. EXEMPLES. — 1er ex. —   43 et 5 font 48.
                2e ex. —   43 — 7   —   50.
                3e ex. —   43 — 9   —   52.
                4e ex. — 143 — 7   — 150.
                5e ex. —   93 — 9   — 102.
                6e ex. — 293 — 9   — 302.

Remarque. — Ces sortes d'additions très-simples se font par la pensée et ne s'écrivent pas.

112. DEUXIÈME RÈGLE, POUR ADDITIONNER DES NÓMBRES QUELCONQUES. — On écrit les nombres les uns sous les autres de manière que les unités soient sous les unités, les dizaines sous les dizaines, les centaines sous les centaines, et ainsi de suite. On souligne le tout. Puis, commençant l'opération par la droite, on additionne d'abord les chiffres de la colonne des unités. Si la somme ne surpasse pas 9, on l'écrit au-dessous de la colonne qui l'a fournie. Si la somme surpasse 9, elle renferme une ou plusieurs dizaines. On n'écrit alors que les unités, en les représentant par un chiffre significatif ou par zéro, et on retient les dizaines. Comptant ces dizaines pour autant d'unités, on les ajoute avec les chiffres de la colonne suivante, en observant à l'égard de cette seconde colonne la même règle qu'à l'égard de la première. On continue ainsi de colonne en colonne jusqu'à la dernière, au-dessous de laquelle on écrit le nombre des unités de la dernière somme, et on *avance* à gauche les dizaines de cette somme s'il y en a.

113. *Exemples.* — 1er EXEMPLE. — Additionner 234 + 8102 + 21.

On dispose l'opération comme on le voit ici :

Opération : 234
            8102
              21
            ————
Somme   8357

Explication. — En opérant on dit : 4 et 2 font 6, et 1 font 7, je pose 7 ; 3 et 2 font 5 (zéro ne s'additionne pas), je pose 5; 2 et 1 font 3, je pose 3; 8 est 8, je pose 8. On a ainsi la somme 8357.

2e EXEMPLE. — 84074 + 7105 + 78056 + 426,

Opération :   84074
               7105
              78056
                426
              ——————
Somme   169661

Explication. — On dit : 4 et 5 font 9 et 6 font 15, et 6 font 21, je pose 1 et retiens 2. 2 de retenue et 7 font 9, et 5 font 14, et 2 font 16, je pose 6 et retiens 1. 1 de retenue et 1 font 2, et 4 font 6, je pose 6. 4 et 7 font 11, et 8 font 19, je pose 9 et retiens 1. 1 de retenue et 8 font 9, et 7 font 16, je pose 6 et j'avance 1. La somme est 169661.

Explication abrégée. — On dit en abrégeant : 4 et 5, 9; et 6, 15; et 6, 21; je pose 1 et retiens 2; 2 et 7, 9; et 5, 14; et 2, 16; je pose 6 et retiens 1. 1 et 1, 2; et 4, 6; je pose 6. 4 et 7, 11; et 8, 19; je pose 9 et retiens 1. 1 et 8, 9; et 7, 16; je pose 6 et j'avance 1.

3ᵉ EXEMPLE. 30020 + 30180051 + 90080 + 120000.

Opération :
```
         30020
      30180051
         90080
        120000
        --------
Somme  30420151
```

Explication. — 1 est 1. 2 et 5, 7; et 8, 15; je pose 5 et retiens 1. 1 de retenue est 1. 0 est 0. 3 et 8, 11; et 9, 20; et 2, 22; je pose 2 et retiens 2. 2 et 1, 3; et 1, 4. 0 est 0. 3 est 3. La somme est 30420151.

4ᵉ EXEMPLE.

```
   98
 1089
   77
   99
 4078
 6087
   69
   97
   99
 9095
   68
   79
   93
 2058
   94
   85
------
23365
```

Explication. — En additionnant la première colonne à droite, je trouve 115, je pose 5 et retiens 11; additionnant la deuxième colonne avec 11 de retenue, je trouve 136, je pose 6 et retiens 13; passant à la troisième colonne, je dis: 13 de retenue est 13 (les zéros ne s'additionnant pas), je pose 3 et retiens 1 ; enfin additionnant la dernière colonne avec 1 de retenue, je trouve 23, je pose 3 et j'avance 2. La somme est 23365.

Remarque. — Si l'on n'avait eu que les deux premières colonnes à additionner, après avoir posé 6 sous la deuxième colonne, on aurait avancé 13 et la somme aurait été 1365.

Addition raisonnée.

114. RAISON DE LA RÈGLE DE L'ADDITION. — Par l'addition on joint ensemble *toutes les parties* des nombres qu'on additionne, c'est-à-dire les unités, les dizaines, les centaines, etc. Par conséquent on obtient un résultat équivalent à ces nombres tout entiers.

115. *Explication* (Voy. le 2ᵉ ex., nᵒ 113). — En additionnant les chiffres de la colonne des unités on trouve 21 unités qui valent 2 dizaines et 1 unité ; on écrit une unité au rang des unités et on retient les 2 dizaines pour les porter à la colonne des dizaines. En additionnant ces deux dizaines de retenue avec les chiffres de la colonne des dizaines, on trouve 16 dizaines qui valent une centaine et 6 dizaines ; on écrit les 6 dizaines au rang des dizaines et on retient 1 centaine pour la porter à la colonne des centaines. On continue

ainsi de colonne en colonne. Le résultat de l'opération, 169661, contient donc toutes les unités des quatre nombres additionnés, de même toutes les dizaines, toutes les centaines, tous les mille et toutes les dizaines de mille. Il équivaut par conséquent à ces quatre nombres.

116. *Pourquoi commence-t-on l'addition par la droite?* — On commence l'addition par la droite pour aller des unités les plus petites aux plus grandes et faciliter ainsi l'addition des retenues d'une colonne à l'autre.

117. *Explication.* — Si l'on commençait l'opération par la gauche, on additionnerait par exemple les centaines avant les dizaines ; on ne pourrait donc pas facilement ajouter à la colonne des centaines celles provenant de la colonne des dizaines, l'addition de cette seconde colonne n'étant pas encore faite.

Preuve de l'addition.

118. *Qu'est-ce que la preuve d'une opération?* —On appelle *preuve* d'une opération une seconde opération que l'on fait pour s'assurer que la première est bien faite.

119. PREUVE DE L'ADDITION. — Pour faire la preuve de l'addition, on recommence l'opération en additionnant les chiffres de chaque colonne de bas en haut. Si l'on obtient le même résultat que la première fois, c'est un signe suffisant que l'opération est bien faite. Si le résultat n'est pas le même, on recommence l'opération avec beaucoup d'attention, et, si elle ne s'accorde pas cette fois avec la preuve, on recommence aussi la preuve.

120. *Exemple.* — Preuve de l'addition du 2ᵉ ex. ci-dessus, nº 113, page 30.

84074
7105
78056
426
———
169661

Explication. — On dit, en additionnant de bas en haut : 6 et 6 font 12, et 5 font 17, et 4 font 21, je pose 1 et retiens 2. 2 de retenue et 2 font 4, et 5 font 9, et 7 font 16, je pose 6 et retiens 1 ; et ainsi de suite. Trouvant au résultat de la preuve 169661 comme au résultat de l'opération, j'en conclus que l'opération est bien faite.

121. *Raison de la preuve de l'addition.* — L'ordre de plusieurs chiffres qu'on additionne ne fait rien au résultat de l'addition : par exemple 4 $+$ 3 est la même chose que 3 + 4. On obtiendra donc le même résultat en additionnant les chiffres d'une colonne de bas en haut ou de haut en bas. Si d'ailleurs on se trompe en calculant, il est presque impossible qu'on fasse la même erreur dans deux calculs différents : la preuve contredira donc alors l'opération et l'on sera averti de recommencer.

Problèmes en général. — Usage de l'addition.

122. *Qu'est-ce qu'un problème ?* — On appelle *problème* une question pour laquelle on a besoin de faire une opération d'arithmétique.

123. *Qu'est-ce que résoudre un problème ?* — Chercher la réponse d'un problème s'appelle *résoudre* le problème.

124. *Qu'appelle-t-on solution d'un problème ?* — Ce que l'on fait pour résoudre un problème s'appelle *solution* du problème. — La *réponse* d'un problème s'appelle quelquefois aussi *solution*.

125. Usage de l'addition. — On se sert de l'addition chaque fois qu'on a besoin de trouver un seul nombre équivalent à plusieurs autres nombres réunis ensemble.

126. *Exemples.* — 1er Ex. — *Problème.* — On achète du papier pour 6 fr., des plumes pour 2 fr., de l'encre pour 1 fr. Combien doit-on en tout?

Opération :
```
    6
 +  2
 +  1
   ──
Somme 9
```

Solution. — Pour savoir combien on doit en tout, on additionne les nombres 6, 2, 1.

Réponse. — On doit en tout 9 fr.

2e Ex. — *Problème.* — Un voyageur a mis cinq jours à faire un voyage. Le premier jour il a marché 3 heures, le second jour 7 heures, le troisième et le quatrième jour 5 heures chaque jour, et le cinquième jour il a marché pendant le même temps que les deux premiers jours ensemble. Combien d'heures en tout le voyageur a-t-il marché ?

Opération :
```
     3
     7
     5
     5
     3
     7
    ──
Somme 30
```

Solution. — Il faut faire l'addition des nombres suivants : 3 heures pour le premier jour, 7 h. pour le deuxième, 5 h. pour le troisième,

5 h. aussi pour le quatrième, 3 h. et 7 h., de nouveau, pour le cinquième.

Réponse. — Le voyageur a marché pendant 30 heures.

3° Ex. — *Problème.* — Un marchand de vin a acheté une première fois 240 litres de vin, une deuxième fois 530 litres, une troisième fois 650 litres, une quatrième fois 850 litres. Il a payé le deuxième achat comptant. Combien doit-il encore de litres?

Opération : 240
650
850
———
Somme 1740

Solution. — On fait l'addition en omettant le nombre 530 du deuxième achat, parce que ce nombre a été payé comptant.

Réponse. — Le marchand doit 1740 litres de vin.

4° Ex. — *Problème.* — Un entrepreneur a payé pour une première semaine de travail 27 francs à Pierre, 35 fr. à Paul, 41 fr. à André ; la seconde semaine il a payé 34 fr. à Pierre, 49 fr. à Paul, 53 fr. à André. On demande combien en tout l'entrepreneur a payé pour chaque semaine combien il a payé à chaque ouvrier, et combien enfin il a payé pour les deux semaines ensemble.

Solution. — Le problème renferme trois questions. On répond à la première en faisant les deux additions suivantes :

1re semaine.	2° semaine.
27	34
35	49
41	53
——	——
103	136

On répond à la deuxième question en faisant trois additions :

Pierre.	Paul.	André.
27	35	41
34	49	53
——	——	——
61	84	94

On répond à la troisième question en additionnant les résultats des deux premières additions :

103
136
———
239

Réponse. — L'entrepreneur a payé 103 fr. la première

semaine et 136 fr. la deuxième. — Il a payé à Pierre 61 fr., à Paul 84 fr., à André 94 fr. — Enfin il a payé en tout aux trois ouvriers pour les deux semaines de travail 239 fr.

Exercices sur l'addition.

1° *Exercices sur la* 1re *règle*, n° 110, p. 29.

80.   12 et 5; 42 et 6; 61 et 7; 26 et 3; 54 et 5; 34 et 3 (*Voyez* n° 111, 1er ex.).

81.   38 et 2; 41 et 9; 64 et 6; 15 et 5; 72 et 8; 94 et 6 (2e ex.).

82.   69 et 2; 36 et 8; 77 et 9; 43 et 8; 57 et 8; 49 et 9; (3e ex.).

83.   127 et 3; 128 et 5; 155 et 9; 171 et 9; 216 et 4; 257 et 8 (4e ex.).

84.   94 et 6; 94 et 7; 97 et 9; 91 et 9; 95 et 8; 99 et 9 (5e ex.).

85.   191 et 9; 396 et 5; 297 et 8; 299 et 9; 192 et 8; 297 et 9 (6e ex.).

2° *Exercices sur la* 2e *règle*, n° 112, p. 30.

D'après le 1er exemple, n° 113, p. 30.

86.   27 + 41; 204 + 102 + 52 ; 82 + 104 + 512.

87.   413 + 51 + 103 + 20; 22 + 4 + 120 + 632 ; 1202 + 111 + 24 + 2.

D'après le 2e exemple.

88.   415 + 2746 + 947;   7673 + 4986 + 549 ;   88 + 374 + 5674.

89.   5074 + 294 + 5062 + 142 + 11;   9403 + 141 + 27 + 9104;   1404 + 565 + 29 + 1241 + 7.

D'après le 3e exemple.

90.   504 + 219 + 100 + 7 + 2 ;   215000 + 1002 + 9001 + 47 ;   2000401 + 1000520 + 9567 + 413 + 1004.

91.   — 2040013 + 10009 + 23 + 1034 + 9; — 100210000 + 1000230 + 302401170 + 6940 ;   400000 + 4000444 + 9495 + 40000040.

D'après le 4e exemple.

92.   97 + 9 + 78 + 8 + 67 + 19 + 28 + 47 + 8 + 9 + 99 + 78 + 38;   179 + 398 + 489 + 577 + 89 + 98

$+ 197 + 299 + 9 + 8 + 78 + 47 + 9; \quad 9 + 8 + 7$
$+ 98 + 179 + 99 + 6 + 197 + 49 + 58 + 17 + 988 + 79$
$+ 9 + 8.$

Exercices mêlés.

93. $84567 + 348 + 1600476 + 56467 + 9537$;
$910520 + 20130 + 900450150 + 7450; \quad 95 + 403029$
$+ 50137 + 548 + 2402471.$

    94     $471 + 21 + 100909 + 2000207 + 4$; $94 + 9$
$+ 102419 + 257 + 99; \quad 400002002 + 10070470 + 90004170$
$+ 5478.$

Nota. — On peut aussi donner à additionner une partie des nombres de plusieurs exercices ; par exemple, les deux ou trois premiers nombres des exercices 86 et 87 ensemble, ou des exercices 90, 91, etc.

Problèmes d'addition.

Voyez n° 125, p. 33.

1° *D'après le 1er exemple.* n° 126, p. 33.

95. Quelle est la somme des nombres 58, 709, 43?

96. Combien font ensemble les nombres 847, 39, 1947, 865, 438?

97. Un ouvrier a dépensé le lundi 2 fr., le mardi 3 fr., le mercredi 1 fr. Quelle a été sa dépense totale des trois jours ?

98. Quel est le nombre équivalent aux six nombres suivants : 754, 299, 167, 368, 475, 936 ?

99. On a acheté diverses marchandises : une fois pour 37 fr., une seconde fois pour 59 fr., une troisième fois pour 79 fr. Quel est le montant de ces trois achats ?

100. On a acheté chez l'épicier pour 2 fr. de sucre, 1 fr. de café, 2 fr. d'eau-de-vie, 1 fr. de vinaigre, et après avoir payé le tout, on a 9 fr. de reste dans sa bourse. Combien avait-on en entrant chez l'épicier?

101. Une personne doit à un marchand 9 fr., à un autre 12 fr., à un troisième 47 fr., à un quatrième 8 fr. Combien doit-elle en tout ?

102. Un voyageur a fait le premier jour 25 lieues, le second jour 19 lieues, le troisième jour 24 lieues. Combien a-t-il fait de chemin pendant les trois jours ?

103. Un cultivateur a semé du blé dans trois champs : 31 boisseaux dans le premier, 25 dans le second, 48 dans le troisième. Combien de boisseaux en tout a-t-il semés ?

104. Un homme a perdu au jeu 3 fr., puis 2 fr., et enfin 4 fr.; il lui reste 13 fr. Combien avait-il avant de jouer ?

2° *Problèmes d'après le 2ᵉ exemple*, p. 33.

105. Un libraire a fourni dernièrement des livres dont la facture se monte à 230 fr.; il en fournit aujourd'hui pour 175 fr. et il en doit fournir prochainement pour une somme égale au montant de la deuxième facture. Combien lui devra-t-on en tout ?

106. Une personne a 37 ans au commencement de l'année 1867. En quelle année aura-t-elle autant d'âge en plus?

107. Un cultivateur sème 40 boisseaux de blé dans un champ ; il a deux autres champs dans chacun desquels il sèmera 75 boisseaux. Quelle sera la quantité de semence employée pour les trois champs ?

108. Un propriétaire a quatre maisons : la première est estimée 25400 fr., la deuxième 15250 fr., la troisième 18000 fr., la quatrième autant que les deux premières ensemble. Quelle est la valeur totale des quatre maisons?

3° *Problèmes d'après le 3ᵉ exemple*, p. 34.

109. On a fait à un épicier quatre achats dont on a reçu les factures s'élevant à 37 fr., 64 fr., 57 fr. et 101 fr. On a payé comptant la première facture. Combien doit-on à l'épicier ?

110. Un champ a quatre côtés, de 29 mètres, 43 mètres, 52 mètres et 36 mètres de longueur. Le second côté, celui de 43 mètres, étant fermé par une haie, le propriétaire veut faire entourer le champ d'un fossé sur les trois autres côtés. Quelle sera la longueur totale du fossé ?

111. Cinq ouvriers ont travaillé pendant 6 semaines à raison de 120 fr. en tout pour la première semaine, 130 fr. pour la deuxième, 95 fr. pour la troisième, 110 fr. pour la quatrième, 140 fr. pour la cinquième, 141 fr. pour la sixième. Les deux premières semaines leur ayant été déjà payées, combien doit-on encore aux ouvriers?

4° *Problèmes d'après le 4ᵉ exemple*, p. 34.

112. Il y a dans une ferme 10 chevaux, 15 bœufs, 44 vaches, 500 moutons ; dans une autre ferme il y a 3 chevaux, 8 bœufs, 30 vaches, 400 moutons. Combien y a-t-il de chevaux, de bœufs, de vaches, de moutons dans les deux fermes ensemble?

113. Dans un jardin il y a 10 pommiers, 8 poiriers, 2 cerisiers ; dans un autre jardin 9 pommiers, 11 poiriers, 4 ceri-

siers ; dans un troisième 5 poiriers seulement. Dire combien d'arbres de chaque sorte dans les trois jardins ensemble, et ensuite combien d'arbres en tout,

---

CHAPITRE III

Soustraction des nombres entiers.

127. *Qu'est-ce que la soustraction?* — La *soustraction* est une opération par laquelle on retranche un nombre d'un autre nombre.

128. *Comment s'appelle le résultat de la soustrac-tion ?* — Le résultat de la soustraction s'appelle *reste*, *excès* ou *différence*.

129. *Signe de la soustraction.* — On représente une soustraction par une simple barre horizontale —, qu'on appelle signe *moins*. Par exemple 10 − 6 se lit 10 *moins* 6 et signifie que du nombre 10 il faut soustraire 6. On ne pourrait pas écrire avec le même sens 6 − 10, parce que c'est le nombre qui suit la barre qui doit être retranché, et qu'on ne peut pas re-trancher 10 de 6.

Table de soustraction.

1 ôté de 2 reste 1	3 ôté de 4 reste 1	5 ôté de 6 reste 1
1 — 3 — 2	3 — 5 — 2	5 — 7 — 2
1 — 4 — 3	3 — 6 — 3	5 — 8 — 3
1 — 5 — 4	3 — 7 — 4	5 — 9 — 4
1 — 6 — 5	3 — 8 — 5	5 — 10 — 5
1 — 7 — 6	3 — 9 — 6	5 — 11 — 6
1 — 8 — 7	3 — 10 — 7	5 — 12 — 7
1 — 9 — 8	3 — 11 — 8	5 — 13 — 8
1 — 10 — 9	3 — 12 — 9	5 — 14 — 9

2 ôté de 3 reste 1	4 ôté de 5 reste 1	6 ôté de 7 reste 1
2 — 4 — 2	4 — 6 — 2	6 — 8 — 2
2 — 5 — 3	4 — 7 — 3	6 — 9 — 3
2 — 6 — 4	4 — 8 — 4	6 — 10 — 4
2 — 7 — 5	4 — 9 — 5	6 — 11 — 5
2 — 8 — 6	4 — 10 — 6	6 — 12 — 6
2 — 9 — 7	4 — 11 — 7	6 — 13 — 7
2 — 10 — 8	4 — 12 — 8	6 — 14 — 8
2 — 11 — 9	4 — 13 — 9	6 — 15 — 9

7 ôté de 8	reste 1	8 ôté de 9	reste 1	9 ôté de 10	reste 1
7 — 9	— 2	8 — 10	— 2	9 — 11	— 2
7 — 10	— 3	8 — 11	— 3	9 — 12	— 3
7 — 11	— 4	8 — 12	— 4	9 — 13	— 4
7 — 12	— 5	8 — 13	— 5	9 — 14	— 5
7 — 13	— 6	8 — 14	— 6	9 — 15	— 6
7 — 14	— 7	8 — 15	— 7	9 — 16	— 7
7 — 15	— 8	8 — 16	— 8	9 — 17	— 8
7 — 16	— 9	8 — 17	— 9	9 — 18	— 9

130. *Observation sur la table de soustraction.* — La table de soustraction est tirée de celle d'addition. Par exemple, quand on sait par la table d'addition que 2 et 6 font 8, on sait par là même que de 2 jusqu'à 8 il y a 6, ou, en d'autres termes, que 2 ôté de 8 il reste 6. La table d'addition peut donc tenir lieu de la table de soustraction.

131. Règle générale pour la soustraction. — Pour faire une soustraction on écrit le nombre le plus petit sous le plus grand, en plaçant les chiffres les uns sous les autres comme pour l'addition, et on souligne. Puis, commençant par la droite, on retranche chaque chiffre inférieur du chiffre supérieur, et on écrit chaque reste au-dessous ; lorsqu'il ne reste rien, on écrit 0. Si le chiffre inférieur est plus fort que le chiffre supérieur, on augmente celui-ci de 10 pour pouvoir soustraire ; mais, en passant à la colonne suivante, on retient 1 dizaine que l'on ajoute, comme si c'était 1 unité, au chiffre inférieur de cette colonne, et on retranche ensuite ce chiffre ainsi augmenté, en ajoutant de nouveau 10 au chiffre supérieur s'il en est besoin. S'il manque des chiffres à gauche du nombre inférieur, on fait comme s'il y avait 0.

132. *Exemples.* — 1er Ex. — De 290468 soustraire 60061.

Opération.

Nombre supérieur 290468   *Explication.* — On dit, en
Nombre inférieur   60061   faisant l'opération : 1 ôté de 8,
                       reste 7. 6 ôté de 6, reste 0.
Reste 230407   0 ôté de 4, reste 4. 0 ôté de 0,
reste 0. 6 ôté de 9, reste 3. 0 ôté de 2, reste 2. Le *reste* est 230407.

2ᵉ EXEMPLE. — Soustraire 806273 de 3750865.

Opération.

N. supérieur   3750865   *Explication.* — 3 ôté de 5, resté
N. inférieur   806273   2. 7 ôté de 6 ne se peut ; j'aug-
                       mente 6 de 10, ce qui fait 16 ; je
  Reste   2944592   retranche 7 de 16, il reste 9 et je
retiens 1. J'ajoute 1 de retenue au chiffre 2 de la colonne
suivante, ce qui fait 3; je retranche 3 de 8, il reste 5. 6 ôté de
0, ne se peut ; ajoutant 10, je retranche 6 de 10, il reste
4, et je retiens 1. 1 de retenue (0 ne s'ajoutant pas) ôté de 5,
il reste 4. 8 ôté de 7, ne se peut ; j'augmente 7 de 10, ce qui
fait 17 ; 8 ôté de 17, il reste 9, et je retiens 1. 1 de retenue
ôté de 3, il reste 2.

Explication abrégée. — 3 de 5, reste 2. 7 de 16, reste 9
et je retiens 1. 1 et 2 font 3; 3 de 8, reste 5. 6 de 10, reste 4
et je retiens 1. 1 de 5, reste 4. 8 de 17, reste 9 et je retiens 1.
1 de 3, reste 2.

3ᵉ EXEMPLE.   324000783 — 8002297.

Opération.   324000783   *Explication.* — 7 de 13, reste
          8002297   6 et je retiens 1. 10 de 18, reste 8
                     et je retiens 1. 3 de 7, reste 4. 2
  Reste   315998486   de 10, reste 8 et je retiens 1. 1
de 10, reste 9 et je retiens 1. 1 de 10, reste 9 et je retiens 1. 9
de 14, reste 5 et je retiens 1. 1 de 2, reste 1. 0 de 3, reste 3.

4ᵉ EXEMPLE.   214040C521 — 900722.

Opération.   2140400521   *Explication.* — 2 de 11, reste
          900722   9. 3 de 12, reste 9. 8 de 15, reste
                     7. 1 de 10, reste 9. 1 de 10, reste
  Reste   2139499799   9. 10 de 14, reste 4. 1 de 10,
reste 9. 1 de 4, reste 3. 0 de 1, reste 1. 0 de 2, reste 2.

Soustraction raisonnée.

133. RAISON DE LA RÈGLE DE LA SOUSTRACTION. — En
retranchant toutes les parties du nombre le plus petit
des parties correspondantes du nombre le plus grand,
c'est-à-dire les unités des unités, les dizaines des
dizaines, etc., il est évident qu'on retranche ainsi le
nombre le plus petit tout entier du nombre le plus
grand.

134. *En augmentant de* 10 *un chiffre supérieur
d'après la règle, change-t-on le résultat de la soustraction ?* — Non, parce qu'après avoir augmenté de

10 unités le chiffre supérieur, on fait en sorte qu'il y ait compensation en augmentant d'une unité dix fois plus forte le chiffre inférieur suivant.

135. *Explication.* — Prenez le 2ᵉ exemple, page 40. Immédiatement après avoir ajouté 10 au chiffre supérieur 6 de la deuxième colonne, on ajoute 1 au chiffre inférieur 2 de la colonne suivante. Cette unité ajoutée à la troisième colonne vaut les 10 unités ajoutées à la deuxième, car une centaine vaut dix dizaines. Les deux nombres de la soustraction, supérieur et inférieur, sont donc augmentés autant l'un que l'autre ; par conséquent, il y a toujours entre eux la même différence et le résultat de la soustraction n'est pas changé.

Cas d'impossibilité.

136. CAS OU LA SOUSTRACTION EST IMPOSSIBLE. —La soustraction est impossible lorsque le dernier chiffre inférieur à gauche est plus fort que le chiffre supérieur correspondant et qu'il n'y a pas d'autre chiffre supérieur à gauche de celui-ci ; ce qui revient à dire que la soustraction est impossible lorsque le nombre inférieur est plus grand que le nombre supérieur.

137. Par exemple, si l'on posait cette soustraction

$$\begin{array}{r} 3556 \\ 4272 \\ \hline \end{array}$$

on ne pourrait pas dire, à la fin de l'opération, 4 *ôté de* 13 au lieu de 4 *ôté de* 3, parce qu'il n'y a pas de chiffre, à gauche du chiffre supérieur, dont on puisse soustraire la dizaine qu'on devrait retenir après avoir dit 13 au lieu de 3. La soustraction serait donc impossible. On aurait pu d'ailleurs reconnaître immédiatement l'impossibilité de la soustraction en remarquant que le nombre inférieur 4272 est plus grand que le nombre supérieur 3556. Mais quelquefois les enfants sont oublieux de faire cette remarque, et c'est alors l'autre signe d'impossibilité qui les avertit.

Preuve de la soustraction.

138. On fait la preuve de la soustraction en additionnant le nombre inférieur avec le reste. Si la soustraction est bien faite, on doit trouver au total le nombre supérieur.

139. *Exemple.* — Preuve de la soustraction du 2ᵉ ex. ci-dessus, p. 40.

N. supérieur 3750865

N. inférieur 806273

Reste 2944592

Preuve 3750865

Explication. — On dit : 3 et 2 font 5, je pose 5; 7 et 9 font 16, je pose 6 et retiens 1, etc. Le résultat de la preuve 3750865 étant égal au nombre supérieur, on en conclut que l'opération est bien faite.

NOTA. L'élève fera lui-même la preuve des trois autres soustractions ci-dessus (1ᵉʳ, 3ᵉ, et 4ᵉ ex. p. 40).

140. *Raison de la preuve de la soustraction.* — Le reste d'une soustraction est ce qui manque au nombre le plus petit pour égaler le plus grand. Il est évident par conséquent que si l'on ajoute le reste au nombre le plus petit, on aura le plus grand.

Usages de la soustraction.

141. On emploie la soustraction quand on veut avoir:

1º La différence de deux nombres, ou de combien l'un est plus grand que l'autre, ou ce qui reste de l'un quand il est diminué de l'autre ;

2º Ce qu'il faut ajouter à un nombre pour en faire un autre plus grand.

142. *Exemples de problèmes de soustraction.*—Problèmes qui ne demandent qu'une seule opération. — 1ᵉʳ Ex..— *Problème.* — Une bourse contient 170 fr. et une autre 140 fr. Quelle est la différence des deux bourses ou l'excès de l'une sur l'autre ?

Opération.

170

140

30

Solution. — On aura la réponse en soustrayant 140 de 170.

Réponse. — Il y a dans une bourse 30 fr. de plus que dans l'autre.

2ᵉ Ex. — *Problème.* — On a acheté de la marchandise pour 783 fr. On a payé comptant 350 fr. Combien reste-t-il à payer ?

Opération.

783

350

433

Réponse. — Il reste à payer 433 fr.

3ᵉ Ex. — *Problème.* — On a planté dans une propriété 4500 arbres. On veut qu'il y en ait 10000. Combien doit-on encore en planter ?

Opération.

10000

4500

5500

Réponse. — On doit planter encore 5500 arbres.

143. *Problèmes demandant plusieurs opérations.* —
4ᵉ Ex. — *Problème* — On devait à une personne 2400 fr.
On a payé une première fois 950 fr. et une seconde fois
780 fr. Combien doit-on encore?

Solutions. — On peut résoudre cette question de deux manières :

Opérations. 2400　　　1ʳᵉ *solution* : par deux sous
　　　　　　 — 950　　　tractions. Pour cela, on retranche
　　　　　　 ————　　　d'abord 950 fr. de 2400, puis, du
1ᵉʳ reste　1450　　　reste obtenu, on retranche 700 fr.
　　　　　　 — 700　　　*Réponse.* — On doit encore 750
　　　　　　 ————　　　fr.
2ᵉ reste　750　　　2ᵉ *solution* : par une addition et
une soustraction. Pour cela, on additionne d'abord 950 fr.
et 700 fr., puis on retranche la somme obtenue de la dette
totale.

Opérations.　　900　　　　　　　2400
　　　　　　 + 750　　　　　　 — 1650
　　　　　　 ————　　　　　　 ————
Somme　1650　　　　Reste　750

Réponse déjà obtenue : 750 fr.

5ᵉ Ex. — *Problème.* — On fait quatre achats de marchandises : le premier se montant à 3500 fr., le second à
1000 fr., le troisième à 1200 fr., le quatrième à 2700 fr. On
est convenu de payer 2500 fr. comptant et 3000 fr. deux mois
après la livraison des marchandises. On paie les 2500 fr.
comptant, mais le marchand consent à ce qu'on ne paie que
1500 fr. à la date indiquée tout à l'heure et 1000 fr. un mois
plus tard. Combien ensuite aura-t-on encore à payer?

Solution. — Il faut faire deux additions, puis une soustraction. Le nombre 3000, de l'énoncé du problème, sera
inutile dans le calcul.

　　　　　　　　　Opérations.
3500
1000　　　　　　 2500
1200　　　　　　 1500　　　　　　 8400
2700　　　　　　 1000　　　　　　 5000
————　　　　　 ————　　　　　 ————
Achats 8400　　Paiements 5000　　Différence 3400

Réponse. — Il restera à payer 3400 fr.

Exercices sur la soustraction.

(Voyez la règle n° 131, p. 39.)

(On fera toujours la preuve. Voyez n°ˢ 138, 139, p. 41).

1° *D'après le 1ᵉʳ exemple du n° 132, p. 39.*

114. 685 — 251; 7439 — 4104; 8549 — 3424.
115. 96704 — 5203; 274093 — 53092; 410023 — 300021.
116. 145671 — 23101; 134067 — 120045; 274071 — 200021.

2° *D'après le 2ᵉ exemple, p. 40.*

117. 523 — 342; 657 — 639; 927 — 844.
118. 5437 — 2396; 2457 — 1532; 4567 — 1239.
119. 28034 — 4516; 314018 — 12307; 53040 — 5019.
120. 24547 — 8084; 87134 — 4071; 57164 — 8094.
121. 49127 — 9045; 94288 — 3879; 156237 — 95318.

3° *D'après le 3ᵉ exemple, p. 40.*

122. 564 — 375; 3413 — 583; 51403 — 452.
123. 245634 — 137819; 5498734 — 938915; 1458974 — 863875.
124. 76784 — 49095; 1285303 — 186296; 85900 — 84899.
125. 54323 — 44344; 270430 — 65920; 23452 — 17966.
126. 9456747 — 5679838; 741305 — 52466; 12457003 — 1569152.
127. 5400025 — 830084; 24798100 — 23909001; 3541045— 2550283.
128. 6400004 — 3500015; 45400300 — 901406; 50061008 — 1292009.

4° *D'après le 4ᵉ exemple, p. 40.*

129. 2000324 — 9825; 140456700 — 75696; 11020221 — 43937.
130. 1001001 — 1002; 10011001 — 12099; 1000000000 — 100001.

Problèmes.

(Voyez n° 141, p. 42.)

Nous employons quelquefois, dans les problèmes suivants, le kilomètre, le décalitre, l'hectolitre, le kilogramme. On pourra se borner à dire aux enfants pour le moment, qu'un kilomètre vaut mille mètres ou environ mille pas et est le quart d'une lieue commune, que le décalitre et le double décalitre sont des sortes de boisseaux en usage dans les marchés de grains, que le décalitre vaut dix litres, qu'il en en faut dix pour faire un hectolitre ou la valeur d'un sac ordinaire, qu'enfin le kilogramme est le poids d'un litre d'eau et vaut deux livres anciennes. On montrera de plus aux élèves un mètre et un litre. Il ne sera pas sans avantage de les familiariser ainsi de loin avec quelques mots du système métrique.

1° *Problèmes de soustraction, ne demandant qu'une seule opération* (d'après les ex. du n° 142, p. 42).

131. Quel est l'excès de 7413 sur 3302 ?
132. Quelle est la différence de 437 et 879 ?
133. Une bourse renfermait 507 fr. On en a ôté 219 fr. Combien reste-t-il dans la bourse ?
134. Un ouvrier devait faire 57 mètres d'ouvrage ; il en a fait 92. De combien a-t-il dépassé sa tâche?
135. Il y a dans une bourse 72 fr. Combien faut-il y ajouter pour qu'il y ait 113 fr.?
136. Deux personnes ont l'une 76 ans et l'autre 58 ans. De combien l'une est-elle plus âgée que l'autre ?
137. On a tiré 125 litres de vin d'un baril contenant 220 litres. Combien reste-t-il de vin dans le baril ?
138. On devait à un marchand 521 fr.; on lui a payé 350 fr. Combien lui doit-on encore ?
139. Une personne a aujourd'hui 35 ans. Dans combien d'années aura-t-elle 80 ans ?

2° *Problèmes mêlés sur l'addition et la soustraction, ne demandant qu'une seule opération.*

(Voy. les n°s 125 et 141, p. 33 et 42).

140. Un cultivateur a récolté dans un champ 530 gerbes de blé, dans un autre champ 410 gerbes. Quelle a été sa récolte totale ?
141. On devait 743 fr. à un marchand ; on lui paie aujourd'hui 462 fr. Combien lui devra-t-on encore ?
142. On a semé cette année 450 boisseaux de froment ; l'année dernière on en avait semé 285 boisseaux. Combien a-t-on semé de plus cette année que l'année dernière ?
143. Une personne a aujourd'hui 53 ans. Dans 20 ans quel âge aura-t-elle ?
144. Un écolier a fait le premier mois 65 pages d'écriture,

le second mois 57, le troisième mois 62, le quatrième mois 70. Combien a-t-il fait de pages pendant les quatre mois?

145. Que faut-il ajouter à 714 pour avoir 1287?

146. Une personne avait 35 ans en 1830. Combien d'années de plus avait-elle en 1848?

147. Un ouvrier a travaillé une semaine 5 jours, une autre semaine 4 jours, une troisième semaine 6 jours. Combien a-t-il travaillé de jours en tout dans les trois semaines?

148. Une personne a eu 32 ans au commencement de l'année 1867. Dites l'année de sa naissance.

149. Une personne est née en 1853. En quelle année aura-t-elle 42 ans?

150. Il y avait dans un grenier 500 boisseaux de blé. On en a retiré 290. Combien en reste-t-il?

151. Depuis cinq ans un champ a rapporté à son propriétaire les sommes suivantes : 417 fr., 513 fr., 398 fr., 467 fr., 436 fr. Combien en tout?

152. Une armée est composée de trois corps d'armée : le premier de 56000 hommes, le second de 12500 hommes, le troisième de 18000 hommes. Quelle est la force totale de l'armée?

153. Une personne née en 1825 a eu, en 1866, 41 ans. Quel âge aura-t-elle en 1878?

154. Un bassin peut contenir 2000 litres d'eau. On y en a déjà mis 1250. Combien faut-il encore mettre de litres pour le remplir?

155. Une personne avait 45 ans en 1850. En quelle année aura-t-elle 30 ans de plus?

156. Un voyageur avait 200 kilomètres de chemin à faire. Il en a fait 132. Combien lui reste-t-il de chemin à faire?

157. Au 1er septembre il s'est écoulé 243 jours depuis le commencement de l'année. Sachant que l'année est de 365 jours, combien reste-t-il de jours jusqu'à la fin?

158. On a donné à un marchand 41 fr. qu'on lui devait, et on lui doit encore 32 fr. Pour combien lui avait-on acheté de marchandise?

159. Un ouvrier dépense pour son loyer 35 fr., pour ses vêtements et son linge 115 fr., sa nourriture 185 fr., pour divers besoins 31 fr., et il économise pendant l'année 67 fr. Combien gagne-t-il?

160. Un voyageur allant d'Orléans à Paris a déjà fait 69 kilomètres, et il lui reste 52 kilomètres à faire. Quelle est d'après cela la distance d'Orléans à Paris?

161. Un écolier a fait pendant la première heure de travail 29 lignes de devoir, pendant la deuxième heure 33 lignes et il lui en reste 28 à faire. Combien de lignes avait-il à faire en tout?

162. Un marchand a acheté une fois 46 mètres de toile pour 158 fr. Une autre fois il a acheté d'autre toile pour 136 fr. Combien a-t-il dépensé de plus cette seconde fois que la première ?

3° *Problèmes mêlés pouvant demander plusieurs opérations* (d'après les ex. du n° 143, p. 43).

163. Un cultivateur a acheté à la foire un cheval pour 345 fr., un bœuf pour 485 fr., une vache pour 210 fr. Il a payé ces achats comptant. Il reste devoir 1650 fr. pour un troupeau de moutons, 35 fr. pour un porc et 32 fr. pour un âne. A combien se montent en tout les achats du cultivateur et combien doit-il ?

164. Il y avait 76 personnes dans une salle; il en est d'abord sorti 25 et quelques moments après 31. Combien en reste-t-il ?

165 Un grenier peut contenir 2000 décalitres de blé. On y en a mis une fois 560 décalitres et une seconde fois 675. Combien peut-on y en mettre encore ?

166. Le mémoire d'un épicier se monte à 185 fr. On donne un premier à-compte de 75 fr. et un autre de 50 fr. Combien doit-on encore ?

167. Une cuve d'une contenance de 3000 litres a déjà reçu 800 litres de vin. Elle en reçoit une autre quantité égale. Combien pourra-t-elle en recevoir encore ?

168. Il y avait dans un grenier 500 décalitres de blé. On en a vendu 150 décalitres et on en a consommé 75. Combien en reste-t-il dans le grenier ?

169. Un marchand a acheté 500 décalitres d'avoine qu'il a payés comptant, après quoi il lui reste une somme de 1250 fr. Il achète de nouveau 500 décalitres d'avoine pour la somme totale de 400 fr., mais il vend en même temps 80 décalitres de blé pour 250 fr. et 20 décalitres de haricots pour 60 fr. Combien lui restera-t-il d'argent ?

4° *Problèmes mêlés quelconques sur l'addition et la soustraction.*

170. Une propriété se compose de terres labourables pour une valeur de 47500 fr., de prairies pour 17000 fr., de vignes pour 8000 fr., de bois pour 5500 fr., et la maison d'habitation avec jardin et autres dépendances est estimée 32000 fr. Quelle est la valeur totale de la propriété ?

171. On devait 500 fr. à une personne à laquelle on paie une première fois 150 fr., une seconde fois 70 fr., une troi-

sième fois autant que les deux premières fois ensemble. Combien doit-on encore ?

172. Une personne a eu 25 ans en 1854. Quel âge aura-t-elle en 1890 ?

173. Le mémoire d'un menuisier porte 55 fr. pour une armoire, 16 fr. pour une table, 40 fr. pour une commode et 6 fr. pour un banc. L'armoire étant payée, combien restera-t-il dû au menuisier ?

174. Il y a 50 litres de vin dans un baril capable de contenir 215 litres. On veut le remplir avec le vin d'un autre baril où il n'y a que 95 litres. Combien manquera-t-il de vin pour remplir entièrement le premier baril ?

175. Un voyageur fait le premier jour 70 kilomètres de chemin, le second jour 55 kilomètres, le troisième jour il retourne sur ses pas de 25 kilomètres, et le quatrième jour il avance de nouveau de 75 kilomètres. A quelle distance se trouve-t-il du point de départ ?

176. Il y a dans un grenier 325 décalitres de blé, dans un autre grenier 570 décalitres, dans un troisième autant que dans le premier. Combien de décalitres en tout ?

177. Un marchand a remis un mémoire portant pour différents articles les sommes suivantes : 25 fr., 14 fr., 35 fr., 9 fr., 8 fr., 70 fr., 55 fr. D'un autre côté il faut déduire plusieurs sommes données en à-compte : 50 fr., 60 fr., 40 fr. Combien est-il dû encore au marchand ?

178. Un écolier a fait le lundi 76 lignes d'écriture, le mardi 127 lignes, le mercredi autant que le lundi, le vendredi 67 lignes, et le samedi autant que le lundi et le vendredi ensemble. Combien a-t-il fait de lignes d'écriture dans toute la semaine ?

179. Une personne est née en 1816, une autre en 1827, une troisième en 1833. Combien d'années ces trois personnes auront-elles ensemble en 1880 ?

180. Un ouvrier a gagné le lundi 5 fr., le mardi 4 fr., le mercredi 6 fr., le jeudi 3 fr., le vendredi autant que le mercredi, et le samedi autant que le jeudi. Quel a été le gain total de cet ouvrier pendant la semaine ?

181. Plusieurs ouvriers employés à un ouvrage qui devra durer six semaines sont convenus qu'on les paierait 50 fr. la première semaine et qu'on augmenterait ensuite cette somme de 5 fr. chaque semaine jusqu'à la sixième et dernière semaine. Combien devra-t-on en tout à ces ouvriers pour les six semaines de travail ?

182. Pour aller de Paris à Bordeaux on passe par Orléans, Tours, Poitiers. On compte de Paris à Orléans 121 kilomètres, d'Orléans à Tours 113 kilomètres, de Tours à Poitiers 98 kilomètres, de Poitiers à Bordeaux 253 kilomètres. Quelle

est d'après cela la distance totale de Paris à Bordeaux ?

183. Un voyageur allant de Paris à Bordeaux par le chemin indiqué dans le problème précédent, après être arrivé à Tours, est revenu sur ses pas jusqu'à Orléans et a repris ensuite sa route jusqu'à Bordeaux. Combien de kilomètres a-t-il parcourus en tout?

184. Deux marchands ont fait plusieurs ventes en un jour : les ventes du premier ont été de 15 fr., 28 fr., 14 fr., 27 fr., 25 fr., 52 fr., 8 fr., 13 fr.; les ventes du second ont été de 3 fr., 15 fr., 28 fr., 14 fr., 38 fr., 17 fr., 15 fr., 42 fr.,.7 fr. Quel est celui des deux qui a le plus vendu et de combien sa vente a-t-elle surpassé celle de l'autre ?

185. Les deux mêmes marchands ont vendu un autre jour: le premier pour 4 fr., 25 fr., 37 fr.; le second pour 31 fr. et 35 fr. Comparez les ventes totales des deux marchands pendant les deux jours.

186. Trois écoliers ont fait pendant un jour, pour devoirs du matin et du soir, le premier 35 et 37 lignes, le second 38 et 24, le troisième 30 et 27. Quel est celui qui a fait le plus de devoir et combien en ont-ils fait tous trois ensemble?

187. Deux frères économisent une partie de leur gain de chaque semaine. Le premier, pendant dix semaines, a économisé 6 fr., 9 fr., 8 fr., 7 fr., 12 fr., 4 fr., 5 fr., 9 fr., 6 fr., 11 fr.; le second 13 fr., 2 fr., 3 fr., 14 fr., 5 fr., 7 fr., 4 fr., 8 fr., 10 fr., 1 fr. Quel est celui des deux qui a économisé le plus et combien ont ils économisé ensemble ?

CHAPITRE IV

Multiplication des nombres entiers.

144. *Qu'est-ce que la multiplication?* — La *multiplication* est une opération par laquelle on répète un nombre autant de fois qu'il y a d'unités dans un autre nombre. Par exemple, multiplier 4 par 3 c'est répéter le nombre 4 trois fois.

145. *Qu'est-ce que le multiplicande, et le multiplicateur?* — Le nombre qu'on multiplie s'appelle *multiplicande*, et le nombre par lequel on multiplie s'appelle *multiplicateur*. Par exemple, si l'on multiplie 4 par 3, 4 est le multiplicande et 3 est le multiplicateur.

146. *Comment s'appelle le résultat de la multiplication?* — Le résultat de la multiplication s'appelle *produit*. Par exemple, en répétant 4 trois fois on a 4 plus 4 plus 4, ce qui fait 12 ; 12 est donc le produit de 4 multiplié par 3.

147. *Qu'appelle-t-on facteurs du produit ?* — Le multiplicande et le multiplicateur sont appelés *facteurs* du produit, parce qu'ensemble ils *font* le produit. Par exemple, dans la multiplication de 4 par 3, 4 et 3 sont les facteurs de 12.

148. *Signe de la multiplication.* — On représente la multiplication en séparant le multiplicande du multiplicateur par le signe $\times$ qui signifie *multiplié par*. Ainsi 4×3 signifie 4 *multiplié par* 3.—Il ne faut pas confondre le signe de la multiplication $\times$ avec le signe de l'addition $+$.

Table de multiplication (complète).

2	fois 1	font	2	5	fois 1	font	5	8	fois 1	font	8
2	— 2	—	4	5	— 2	—	10	8	— 2	—	16
2	— 3	—	6	5	— 3	—	15	8	— 3	—	24
2	— 4	—	8	5	— 4	—	20	8	— 4	—	32
2	— 5	—	10	5	— 5	—	25	8	— 5	—	40
2	— 6	—	12	5	— 6	—	30	8	— 6	—	48
2	— 7	—	14	5	— 7	—	35	8	— 7	—	56
2	— 8	—	16	5	— 8	—	40	8	— 8	—	64
2	— 9	—	18	5	— 9	—	45	8	— 9	—	72
3	fois 1	font	3	6	fois 1	font	6	9	fois 1	font	9
3	— 2	—	6	6	— 2	—	12	9	— 2	—	18
3	— 3	—	9	6	— 3	—	18	9	— 3	—	27
3	— 4	—	12	6	— 4	—	24	9	— 4	—	36
3	— 5	—	15	6	— 5	—	30	9	— 5	—	45
3	— 6	—	18	6	— 6	—	36	9	— 6	—	54
3	— 7	—	21	6	— 7	—	42	9	— 7	—	63
3	— 8	—	24	6	— 8	—	48	9	— 8	—	72
3	— 9	—	27	6	— 9	—	54	9	— 9	—	81
4	fois 1	font	4	7	fois 1	font	7				
4	— 2	—	8	7	— 2	—	14				
4	— 3	—	12	7	— 3	—	21				
4	— 4	—	16	7	— 4	—	28				
4	— 5	—	20	7	— 5	—	35				
4	— 6	—	24	7	— 6	—	42				
4	— 7	—	28	7	— 7	—	49				
4	— 8	—	32	7	— 8	—	56				
4	— 9	—	36	7	— 9	—	63				

On dit aussi, en multipliant : 1 fois 1 est 1, 1 fois 2 est 2, 1 fois 3 est 3, etc. De même 1 fois 0 est 0, 2 fois 0 font 0, 3 fois 0 font 0, et ainsi de suite. 0 ne multiplie pas.

Table de multiplication (abrégée).

2 fois 2 font 4							6 fois 6 font 36
2 — 3 — 6							6 — 7 — 42
2 — 4 — 8		4 fois 4 font 16			6 — 8 — 48
2 — 5 — 10		4 — 5 — 20			6 — 9 — 54
2 — 6 — 12		4 — 6 — 24			
2 — 7 — 14		4 — 7 — 28			7 fois 7 font 49
2 — 8 — 16		4 — 8 — 32			7 — 8 — 56
2 — 9 — 18		4 — 9 — 36			7 — 9 — 63
3 fois 3 font 9		5 fois 5 font 25			8 fois 8 font 64
3 — 4 — 12		5 — 6 — 30			8 — 9 — 72
3 — 5 — 15		5 — 7 — 35			
3 — 6 — 18		5 — 8 — 40			9 fois 9 font 81
3 — 7 — 21		5 — 9 — 45			
3 — 8 — 24							
3 — 9 — 27							

149. PRINCIPE IMPORTANT RELATIF A L'ORDRE DES FAC-TEURS. — On peut changer l'ordre de deux ou plusieurs facteurs d'un produit, et le produit reste le même.

Exemples. — 4 fois 3 font la même chose que 3 fois 4, c'est-à-dire 12, ainsi qu'on le voit par la table de multiplication. — De même le produit $3 \times 2 \times 4$ est la même chose que $4 \times 2 \times 3$. En effet, 3×2 donne 6, et 6×4 donne 24 ; d'un autre côté 4×2 donne 8, et 8×3 donne aussi 24.

150. *Usage de la table abrégée.* — D'après le principe précédent, pour savoir la table de multiplication complète, il suffit d'avoir appris la table abrégée. Pour cela, si l'on demande, par exemple, combien font 4 fois 3, on changera par la pensée l'ordre des deux nombres et on se rappellera que d'après la table abrégée 3 fois 4 font 12. De même pour savoir combien font 9 fois 5, on pensera que 5 fois 9 font 45. Dans cette manière de compter on met toujours le plus petit nombre le premier.

Multiplication par un nombre d'un seul chiffre.

151. 1re RÈGLE. — MULTIPLICATION PAR UN NOMBRE D'UN SEUL CHIFFRE. — On écrit le multiplicateur sous le multiplicande et on souligne. Puis, commençant par la droite, on multiplie le premier chiffre du multiplicande par le chiffre du multiplicateur. Si le produit ne surpasse pas 9, on écrit ce produit au-dessous; mais si le produit surpasse 9, on n'écrit que les unités et on retient les dizaines pour les joindre, comme autant d'unités, au produit suivant. On multiplie de même le deuxième chiffre du multiplicande par le chiffre du multiplicateur et on ajoute au produit la retenue du produit précédent. On écrit les unités de la somme et on retient les dizaines, s'il y en a, pour les joindre au produit suivant. On multiplie ainsi l'un après l'autre tous les chiffres du multiplicande par le chiffre du multiplicateur. Arrivé au dernier produit on écrit les unités et on avance les dizaines.

152. *Exemples.* — 1ᵉʳ EXEMPLE. — Multiplier 4013 par 2.

Multiplicande 4013 *Explication.* — On dit, d'après
Multiplicateur   2 la table de multiplication : 2 fois 3
      —— font 6, je pose 6; 2 fois 1 font 2,
   Produit 8026 je pose 2; 2 fois 0 font 0, je pose

0; 2 fois 4 font 8, je pose 8. Le produit est 8056.

2ᵉ EXEMPLE. — 79063 × 3.

Multiplicande 79063 *Explication.* — 5 fois 3 font
Multiplicateur 5 15, je pose 5 et retiens 1. 5 fois 6
     —— font 30 et 1 de retenue font 31,
  Produit 395315 je pose 1 et retiens 3. 5 fois 0 font

0, et 3 de retenue font 3, je pose 3. 5 fois 9 font 45, je pose 5 et retiens 4. 5 fois 7 font 35, et 4 de retenue font 39, je pose 9 et j'avance 3. Le produit est 395315.

Multiplication raisonnée (1ᵉʳ CAS).

153. RAISON DE LA RÈGLE DE LA MULTIPLICATION PAR UN SEUL CHIFFRE (1ʳᵉ règle, nᵒ 151). — Il est évident que répéter un certain nombre de fois toutes les parties du multiplicande, unités, dizaines, centaines, etc., c'est répéter le même nombre de fois tout le multiplicande. Les produits des différents chiffres se placent selon la règle les uns à la suite des autres en allant vers la gauche, au rang des unités, des dizaines, des centaines, etc., parce qu'en répétant les unités du multiplicande on a pour produit des unités, en répétant les dizaines on a des dizaines, et ainsi de suite

154. *Explication* (Voyez le 2ᵉ ex., nᵒ 152). — En prenant 5 fois 3 unités on a pour produit 15 unités; on écrit les 5 uni-

tés au rang des unités et on retient 1 dizaine pour la joindre au produit des dizaines. En prenant 5 fois 6 dizaines, on a 30 dizaines, et 1 dizaine de retenue font 31 dizaines; on écrit 1 dizaine au rang des dizaines et on retient 3 centaines pour les joindre au produit des centaines. En prenant 5 fois 0 centaine, on a 0 centaine, et 3 centaines de retenue font 3 centaines qu'on écrit au rang des centaines, et ainsi de suite. On voit par là que tout le multiplicande est multiplié par le chiffre du multiplicateur et que les chiffres du produit, écrits suivant la règle, sont au rang qui leur convient.

Multiplication par un nombre de plusieurs chiffres.

155. 2ᵉ RÈGLE. — MULTIPLICATION PAR UN NOMBRE DE PLUSIEURS CHIFFRES. — On multiplie, d'après la 1ʳᵉ règle, le multiplicande par chacun des chiffres du multiplicateur en commençant par la droite, et on pose les différents produits les uns sous les autres de manière que le premier chiffre de chacun d'eux soit au même rang que le chiffre du multiplicateur qui l'a fourni. Lorsqu'il y a au multiplicateur un ou plusieurs zéros, on les écrit seulement chacun à son rang sous le produit précédent, et le premier chiffre du produit suivant s'écrit à leur gauche. On termine l'opération en additionnant les différents produits fournis par tous les chiffres du multiplicateur. On a ainsi le produit demandé.

156. *Qu'appelle-t-on produits partiels, produit total ?*—Les produits obtenus successivement en multipliant le multiplicande par chaque chiffre du multiplicateur, s'appellent *produits partiels*. La somme de ces produits, qui est le résultat de la multiplication, s'appelle *produit total* ou simplement *produit*.

157. *Exemples de multiplication par un nombre de plusieurs chiffres.* — 1ᵉʳ EXEMPLE. — 6027×146.

```
Multiplicande      6027
Multiplicateur      146

                 36162   1ᵉʳ produit partiel.
                 24108   2ᵉ produit partiel.
                  6027   3ᵉ produit partiel.

Produit total    879942
```

Explication. — Je multiplie d'abord le multiplicande 6027 par le premier chiffre 6 du multiplicateur, en disant : 6 fois 7 font 42, je pose 2 et retiens 4 ; 6 fois 2 font 12 et 4 de retenue font 16, je pose 6 et retiens 1 ; 6 fois 0 font 0 et 1 de retenue font 1, je pose 1 ; 6 fois 6 font 36, je pose 6 et j'avance 3 ; j'ai ainsi pour premier produit partiel 36162. — Je multiplie de même 6027 par le deuxième chiffre 4 du multiplicateur, en disant: 4 fois 7 font 28, je pose 8 (au deuxième rang, c'est-à-dire au rang des dizaines, parce que le chiffre 4, par lequel on multiplie, est au rang des dizaines), et je retiens 2 ; 4 fois 2 font 8 et 2 font 10, je pose 0 et retiens 1 ; 4 fois 0 et 1 de retenue font 1, je pose 1 ; 4 fois 6 font 24, je pose 4 et j'avance 2. J'ai ainsi le deuxième produit partiel 24108. — Je passe enfin au troisième chiffre 1 du multiplicateur et je multiplie le multiplicande par ce chiffre, en disant: 1 fois 7 est 7, je pose 7 (au troisième rang parce que le chiffre 1 tient au multiplicateur le troisième rang); 1 fois 2 est 2, je pose 2 ; 1 fois 0 est 0, je pose 0 ; 1 fois 6 est 6, je pose 6. Le troisième produit partiel est donc 6027. — Je souligne les trois produits partiels et les additionne, disant : 2 est 2, 6 et 8 font 14, etc. La somme 879942 est le produit des deux nombres proposés 6027 et 146.

Nota. — On fera bien de voir immédiatement la 1re preuve de la multiplication, nos 169 et 170, p. 58.

2e et 3e EXEMPLES. — 6027 × 1406 et 6027 × 1460. (Ils ne diffèrent du précédent que par un zéro au multiplicateur.)

	2e EX.			3e EX.
Multiplicande	6027		Multiplicande	6027
Multiplicateur	1406		Multiplicateur	1460
	36162	1er prod. partiel		361620
	241080	2e prod. partiel		24108
	6027	3e prod. partiel		6027
Produit	8473962		Produit	9799420

Explication du 2e exemple. — Le 1er produit partiel est le même que dans le premier exemple. Je passe au second chiffre du multiplicateur qui est 0 0 ne multiplie pas, je pose 0 à son rang (2e rang; puis, passant au 3e chiffre 4 du multiplicateur, je dis: 4 fois 7 font 28, je pose 8 à gauche de 0 et je retiens 2 (8 est au 3e rang comme le chiffre 4 qui l'a fourni); 4 fois 2 font 8 et 2 de retenue font 10, je pose 0, etc., comme dans le 1er exemple. Passant au chiffre 1 du multiplicateur qui est au 4e rang, je multiplie par ce chiffre:

1 fois 7 est 7, je pose 7 au 4ᵉ rang ; 1 fois 2 est 2, je pose 2, etc. J'achève comme dans le 1ᵉʳ exemple.

Explication du 3ᵉ exemple. — 0 est le premier chiffre à droite du multiplicateur. 0 ne multiplie pas, je pose 0. Passant au second chiffre 6 du multiplicateur, je dis : 6 fois 7 font 42, je pose 2 à gauche de 0 (au 2ᵉ rang comme le chiffre 6) et je retiens 4 : 6 fois 2 font 12, je pose 2, etc., comme dans le 1ᵉʳ exemple. Je passe au 3ᵉ chiffre 4 du multiplicateur : 4 fois 7 font 28, je pose 8 au 3ᵉ rang, et je retiens 2, etc. Je passe au 4ᵉ chiffre 1 : 1 fois 7 est 7, je pose 7 au 4ᵉ rang et j'achève comme précédemment.

Nota. — Dans ces deux exemples, les produits partiels sont les mêmes que dans le premier, sauf que l'un d'eux est terminé par un zéro et un autre reculé de deux rangs à partir de la droite.

4ᵉ Exemple. — 38045 × 18005070.

| Multiplicande | 38045 |
| Multiplicateur | 18005070 |

2663150	1ᵉʳ produit partiel.
1902250	2ᵉ produit partiel.
30436000	3ᵉ produit partiel.
38045	4ᵉ produit partiel.

| Produit | 685002888150 |

Explication. — Je pose d'abord le premier chiffre 0 du multiplicateur au 1ᵉʳ rang, au commencement du 1ᵉʳ produit partiel. Je multiplie le multiplicande par le chiffre suivant 7 du multiplicateur, écrivant les chiffres du produit à gauche du 0 que je viens de poser. J'ai ainsi le 1ᵉʳ produit partiel. — Passant au chiffre suivant du multiplicateur, qui est 0, j'écris ce 0 à son rang (3ᵉ rang); il commence le 2ᵉ produit partiel. Je multiplie le multiplicande par le chiffre suivant 5 du multiplicateur, écrivant les chiffres du produit à gauche du 0 que je viens de poser. — Passant aux deux zéros qui suivent au multiplicateur, je pose ces deux zéros à leur rang (5ᵉ et 6ᵉ rang), au commencement du 3ᵉ produit partiel, puis je multiplie le multiplicande par le chiffre 8 du multiplicateur, écrivant le produit à gauche des deux zéros. — Enfin je multiplie le multiplicande par le dernier chiffre 1 du multiplicateur, ayant soin de poser le premier chiffre 5 du produit au même rang que le chiffre 1 qui le fournit, c'est-à-dire au 8ᵉ rang. — J'additionne maintenant tous les produits partiels. Le produit total est 685002888150.

5ᵉ Exemple.

194000	ou	194000
85400		85400
77600000		776
970000		970
1552000		1552
16567600000		16567600000

Explication. — Je pose d'abord au 1ᵉʳ produit partiel (opération de gauche) les deux zéros qui sont à droite du multiplicateur. Je multiplie ensuite le multiplicande par les chiffres 4, 5, 8 du multiplicateur et j'additionne les produits partiels. — Cet exemple est simplifié à droite d'après l'observation du numéro suivant.

158. Simplification dans le cas de l'exemple précédent (zéros à la droite des facteurs). — Lorsque l'un des facteurs ou tous les deux sont terminés par des zéros, on peut ne pas écrire ces zéros dans les produits partiels : il est plus simple de les écrire seulement tous ensemble à droite du produit total.

C'est ce que nous avons fait dans la deuxième opération de l'exemple précédent, où les cinq zéros à droite des deux facteurs n'ont pas été multipliés. — On voit facilement que le produit est nécessairement le même.

159. *Quel nombre doit-on mettre pour multiplicande et quel nombre pour multiplicateur?* — Quand on a deux nombres à multiplier entre eux, on peut mettre celui qu'on veut pour multiplicande ou pour multiplicateur, mais habituellement on met pour multiplicande le nombre qui a le plus de chiffres significatifs et pour multiplicateur celui qui en a le moins.

160. Par exemple, si l'on a à multiplier 25 par 4567, on prendra de préférence 4567 pour multiplicande et l'on aura la multiplication suivante :

4567	au lieu de	25
25		4567
22835		175
9134		150
		125
114175		100
		114175

161. *Remarque.* — Par les deux multiplications qui précèdent, on a le même produit, conformément au principe du n° 149, p. 51.

Multiplication raisonnée (2ᵉ CAS).

162. RAISON DE LA RÈGLE DE LA MULTIPLICATION PAR PLUSIEURS CHIFFRES (2° règle, p. 62). — En répétant toutes les parties du multiplicande, unités, dizaines, centaines, etc., autant de fois qu'il est marqué par tous les chiffres du multiplicateur, on multiplie évidemment tout le multiplicande par tout le multiplicateur.

163. *Pourquoi recule-t-on vers la gauche le premier chiffre de chaque produit partiel ?* — On recule vers la gauche le premier chiffre de chaque produit partiel en le mettant au même rang que le chiffre par lequel on multiplie, parce qu'en multipliant les unités du multiplicande par des dizaines, on a pour produit des dizaines, en les multipliant par des centaines on a des centaines, en les multipliant par des mille on a des mille, et ainsi de suite.

164. *Explication.* — Prenez le 1ᵉʳ ex., p. 53, multiplication de 6027 par 146. En multipliant 7 unités par 4 dizaines on doit avoir un produit dix fois plus grand que si l'on multipliait par 4 unités, car multiplier un nombre par 4 dizaines c'est répéter ce nombre 40 fois au lieu de 4 fois ; on a donc pour produit 28 dizaines au lieu de 28 unités; c'est pourquoi l'on écrit le premier chiffre du produit 28 au rang des dizaines. — De même en multipliant 7 unités par 1 centaine on doit avoir un produit cent fois plus grand que si l'on multipliait par une unité ; on a donc pour produit 7 centaines au lieu de 7 unités, et c'est pourquoi l'on écrit le produit 7 au rang des centaines. — On raisonnerait de même pour les mille, les dizaines de mille, etc.

Cas particuliers.

165. 3ᵉ RÈGLE.—MULTIPLICATION ABRÉGÉE D'UN NOMBRE ENTIER PAR 10, 100, 1000, 10000, etc. — On multiplie un nombre entier par 10, sans poser l'opération, en mettant simplement un zéro à la droite du nombre ; on le multiplie par 100 en mettant deux zéros ; on le multiplie par 1000 en mettant trois zéros : en général, on met autant de zéros qu'il y en a après le chiffre 1 dans les nombres 10, 100, 1000, 10000, etc., par lesquels il faut multiplier.

166. *Exemple.* — Pour multiplier 52 par 10 on écrit 520; pour le multiplier par 100 on écrit 5200 ; pour le multiplier par 1000 on écrit 52000 ; pour le multiplier par 10000 on écrit 520000.

167. *Pourquoi suffit-il, pour multiplier un nombre entier par* 10, *par* 100, *par* 1000..., *d'ajouter un, deux, trois... zéros à sa droite ?* — Parce que d'après les principes de la numération, en ajoutant des zéros à la droite d'un nombre entier, on rend tous les chiffres de ce nombre dix fois, cent fois, mille fois plus forts (Voy. n° 88, p. 21).

168. *Qu'est-ce que doubler, tripler, quadrupler un nombre?* — *Doubler* un nombre c'est prendre ce nombre 2 fois : *tripler*, le prendre 3 fois; *quadrupler*, le prendre 4 fois ; *quintupler*, le prendre 5 fois ; *décupler*, le prendre 10 fois ; *centupler*, le prendre 100 fois. On dit de même qu'un nombre est le *double*, le *triple*, le *quadruple*.. d'un autre, pour dire qu'il vaut 2 fois, 3 fois, 4 fois cet autre ; par exemple, 6 est le double de 3, parce que 6 égale 2 fois 3.

Preuves de la multiplication.

169. 1re PREUVE. — On fait la preuve de la multiplication en changeant de place le multiplicande et le multiplicateur; on doit trouver le même produit, d'après le principe du n° 149.

170. *Exemple.* — Preuve du 1er exemple ci-dessus, page 53.

Opération.	Preuve.
6027	146
146	6027
36162	1022
24108	292
6027	8760
879942	879942

Le produit de la preuve étant le même que celui de l'opération, on en conclut que l'opération est bien faite.

171. Preuve par 9. — On additionne tous les chiffres du multiplicande excepté les 9. En faisant la somme on retranche 9 à mesure que l'addition produit 9 ou plus de 9, et on écrit le dernier reste. On fait de même pour le multiplicateur. On multiplie entre eux les deux derniers restes fournis par le multiplicande et le multiplicateur, on divise le produit par 9 et on écrit le reste de la division. Enfin on additionne les chiffres du produit de la multiplication, retranchant 9, comme pour le multiplicande et le multiplicateur, et on écrit le dernier reste. Si la multiplication dont on fait la preuve a été bien faite, les deux derniers restes doivent être égaux. On dispose les quatre restes obtenus comme dans les exemples suivants :

172. *Exemples.*

1ᵉʳ Ex.   5876
           897   Preuve par 9.

           41132
           52884   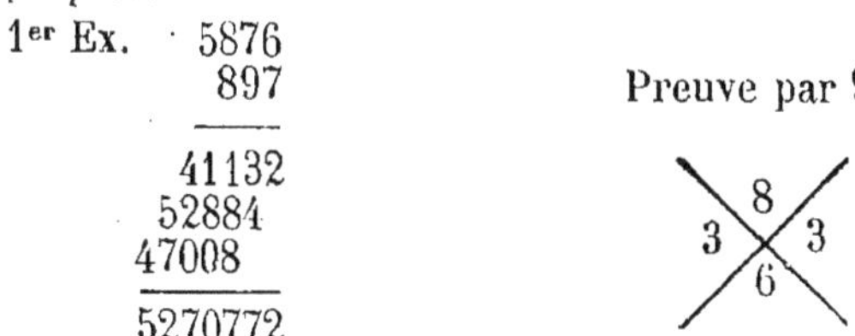
           47008

           5270772

Explication. — J'additionne les chiffres du multiplicande en disant : 5 et 8 font 13, ôté 9, reste 4; 4 et 7 font 11, ôté 9, reste 2; 2 et 6 font 8, je pose 8. — Je passe au multiplicateur : 8 et 7 font 15, ôté 9, reste 6, je pose 6. — Je multiplie les deux restes 8 et 6 : 6 fois 8 font 48; 48 divisé par 9 donne 5 au quotient et 3 pour reste, je pose 3. — Passant enfin au produit de la multiplication, je dis : 5 et 2 font 7, et 7 font 14, ôté 9, reste 5; 5 et 7 font 12, ôté 9, reste 3; 3 et 7 font 10, ôté 9, reste 1; 1 et 2 font 3, j'écris 3. Les deux derniers restes étant 3, j'en conclus que l'opération est bien faite.

2° Ex.   297   Preuve par 9.
           46

           1782
           1188

           13662

NOTA. — La preuve par 9 est très-commode, mais moins certaine que la précédente. Si par exemple un 0 manque dans l'opération, ou un 9, cette preuve n'en avertira pas.

Usages de la multiplication.

173. 1er USAGE. — On se sert de la multiplication pour trouver le prix de plusieurs unités quand on connaît le prix d'une seule.

1er EXEMPLE. — *Problème.* — Combien coûtent 14 mètres de drap à 12 fr. le mètre ?

Opération.

$$
\begin{array}{r}
12 \\
\times\ 14 \\
\hline
48 \\
12 \\
\hline
168
\end{array}
$$

Solution. — Il est évident que 14 mètres doivent coûter 14 fois le prix d'un seul mètre. Il faut donc multiplier 12 par 14.

Réponse. — Les 14 mètres de drap coûtent 168 fr.

2e USAGE. — On emploie la multiplication quand on veut chercher combien il y a d'unités d'une certaine espèce dans plusieurs autres unités d'une espèce plus grande.

2e EXEMPLE. — *Problème.* — Sachant qu'il y a 60 minutes dans une heure et 24 heures dans un jour, calculer combien il y a de minutes dans un jour.

Opération.

$$
\begin{array}{r}
60 \\
\times\ 24 \\
\hline
240 \\
120 \\
\hline
1440
\end{array}
\qquad
\begin{array}{r}
24 \\
\times\ 60 \\
\hline
1440
\end{array}
$$

Solution. — Il est évident qu'il y a dans 24 heures 24 fois plus de minutes que dans une seule heure. Il faut donc multiplier 60 par 24, ou, ce qui revient au même, 24 par 60.

Réponse. — Il y a 1440 minutes dans 24 heures.

3e USAGE (usage général). En général on fait une multiplication quand on connaît un nombre et qu'on veut avoir un autre nombre qui contienne le premier un certain nombre de fois, ou, en d'autres termes, qui soit un certain nombre de fois plus grand.

3e EXEMPLE. — *Problème.* — Quelle est la contenance d'une cuve d'où l'on a tiré du vin de quoi remplir 50 tonneaux de 250 litres chaque ?

Opération.

$$
\begin{array}{r}
250 \\
\times\ 50 \\
\hline
12500
\end{array}
$$

Réponse. — La contenance de la cuve est de 12500 litres.

174. *Problèmes exigeant plusieurs multiplications de suite.* — 1er EXEMPLE. — *Problème.* — 8 ouvriers payés à raison de 2 fr. chacun par jour travaillent ensemble pendant 4 semaines. Combien leur est-il dû en tout?

Solution. — On cherche d'abord combien 4 semaines de 6 jours de travail chacune font de journées pour un seul ouvrier ; pour cela on multiplie 6 par 4 :

$$6 \times 4 = 24.$$

On trouve 24 journées.

On multiplie maintenant 24 journées par 8 pour avoir le nombre total des journées des 8 ouvriers :

$$24 \times 8 = 192.$$

Ce nombre est 192 journées.

Enfin on a le prix de 192 journées à 2 fr. en multipliant 192 par 2 :

$$192 \times 2 = 384.$$

En résumé $6 \times 4 \times 8 \times 2 = 384.$

Réponse. — Il est dû aux 8 ouvriers ensemble 384 fr.

Remarque. — Pour résoudre ce problème, on aurait pu suivre un autre ordre. Par exemple, on pouvait chercher d'abord le gain d'une semaine pour chaque ouvrier en multipliant 2 fr. par 6, ce qui fait 12 fr.; puis chercher le gain de 4 semaines en multipliant 12 fr. par 4, ce qui fait 48 fr.; enfin obtenir le gain de 8 ouvriers en multipliant 48 fr. par 8, ce qui donne comme tout à l'heure 384 fr.;
ou, en résumé, $2 \times 6 \times 4 \times 8 = 384.$

Il était évident d'avance que les deux calculs devaient donner le même résultat, et ceci confirme encore le principe du n° 149 (p. 51).

2° EXEMPLE. — *Problème.* — Combien y a-t-il de minutes dans une semaine?

Solution. — Une semaine se composant de 7 jours et le jour de 24 heures, on a d'abord le nombre d'heures qu'il y a dans une semaine en multipliant 24 heures par 7 :

$$24 \times 7 = 168.$$

Chaque heure se composant de 60 minutes, on multiplie maintenant 60 par 168 ou plus commodément 168 par 60 pour avoir le nombre de minutes demandé :

$$168 \times 60 = 10080.$$

Réponse. — Il y a 10080 minutes dans une semaine.

175. *Problèmes demandant plusieurs des trois premières opérations.* — EXEMPLE. — *Problème.* — On a acheté 3 mètres de drap à 15 fr. le mètre et 5 mètres à 14 fr. On a payé comptant sur cet achat 80 fr. Combien doit-on encore ?

Solution. — On cherche d'abord le prix total de 3 mètres de drap à 15 fr. et de 5 mètres à 14 fr. : pour cela on multiplie 15 par 3, ce qui fait 45, et on multiplie 14 par 5, ce qui fait 70 ; puis additionnant les deux produits 45 et 70, on a pour prix total 115 fr. Retranchant maintenant les 80 fr. payés comptant, on trouve que l'acheteur redoit 35 fr.

Réponse. — 35 fr.

Exercices sur la multiplication.

MULTIPLICATION PAR UN NOMBRE D'UN SEUL CHIFFRE.

(Voyez la 1re règle, n° 151, p. 51).

1° *D'après le* 1er *exemple*, n° 152, p. 52.

188. 423×2 ; 3321×3 ; 2011×4 ; 30×3.

2° *D'après le* 2e *exemple*, p. 52.

189. 546×2 ; 416×4 ; 706×5 ; 250×6.
190. 2145×6 ; 7109×8 ; 12780×3 ; 4206×9.
191. 5637×4 ; 3400×5 ; 94780×7 ; 5900×2.
192. 92040×5 ; 45300×6 ; 80400×7 ; 4000×8.

MULTIPLICATION DES NOMBRES DE PLUSIEURS CHIFFRES.

(Voy. la 2e règle, n° 155, p. 53).

1° *D'après le* 1er *exemple*, n° 157, p. 53.

(On fera la preuve (1re preuve, p. 58), des exercices marqués d'un *. On ne pourra faire la preuve des autres que si l'on a vu les exemples suivants).

193*. 534×23 ; 676×15 ; 798×34.
194*. 526×85 ; 784×72 ; 713×53.
195*. 749×97 ; 487×98 ; 936×53.
196. 708×345 ; 7150×276 ; 407×324.
197. 80049×279 ; 74906×978 ; 24100×674.
198. 94507×856 ; 74083×782 ; 89004×659.
199. 70894×725 ; 400478×374 ; 40781×793.
200. 9452×4376 ; 8543×6743 ; 97040×5915.

2° *D'après le* 2e *et le* 3e *ex.*, p. 54.

(Avec preuve).

201. 445×201 ; 5130×80 ; 4956×704.
202. 792×405 ; 872×750 ; 803×780.

203. 5130×8509; 4170×6490; 9870×9703.
204. 7849×54020; 8059×5904; 89120×5040.

3° D'après le 4° ex., p. 55.

205. 1478×5009; 1989×24100; 840×2000.
206. 4241×200380; 567×80090; 19026×768001.
207. 1547×698003; 513×924001; 7543×714005.
208. 1927×876000; 5276×79600004; 536×6750005.
209. 800940×405007; 501770×9600080; 50002×40008.

4° D'après le 5° ex., p. 56.

210. 2500×41000; 5400×2500; 41000×5040.
211. 178000×2400; 57000×2300; 4500×17000.

5° D'après l'observation du n° 159, p. 56.

(On suppose qu'on ne fera pas la preuve, si ce n'est la preuve par 9):

212. 6×25; 9×456; 27×5689.
213. 2350×25000; 440×5500; 4700×3541.

6° Sur la 3° règle, n° 165, p. 57.

(Sans preuve).

214. 65×10; 65×100; 65×1000.
215. 170×10; 170×100; 170×10000.
216. 561×100; 561×10000 : 561×100000.

Problèmes.

1° Problèmes sur la multiplication seule.

(Voy. n° 173, p. 60).

(En posant les multiplications, on pourra se conformer à l'observation du n° 159, p. 56).

217. On a acheté 15 paires de poulets à 2 fr. la paire. Combien coûtent les 15 paires?
218. Quel est le nombre huit fois plus grand que 25 ?
219. Quel est le nombre qui contient vingt fois 70 ?
220. On a acheté 12 mètres de toile à 4 fr. le mètre. Combien doit-on au marchand de toile ?
221. Quel est le prix de 15 mètres de drap à 11 fr. le mètre?
222. On sait qu'il y a 24 heures dans un jour. Combien d'heures dans 30 jours ?
223. Combien doit-on au boulanger pour 24 pains à 2 fr. chaque ?
224. Le blé coûtant 4 fr. le boisseau, combien devra-t-on payer pour 500 boisseaux ?

225. Un marchand a 545 fr. dans sa bourse ; un autre en a 3 fois plus : dites quelle est la bourse de celui-ci ?

226. Quel est le triple de 24 ? (Voy. n° 168, p. 58).

227. On a acheté un jour pour 80 fr. de farine. On en a acheté un autre jour 4 fois autant. Pour combien a-t-on acheté de farine ce second jour ?

228. Sachant qu'il y a 12 mois dans une année, dites combien il y a de mois dans 15 années ?

229. Un ouvrier gagne 2 fr. par jour. Combien gagne-t-il dans une semaine ?

230. Quel est le double de 75 ? (Voy n° 168, p. 58).

231. Combien coûtent 35 mètres d'étoffe à 5 fr. le mètre ?

232. Un voyageur fait 10 lieues par jour. Combien fera-t-il de lieues en 13 jours ?

233. Un négociant dépense 5 fr. par jour pour la nourriture et l'entretien de sa famille. Combien dépense-t-il dans une semaine ?

234. Quel est le prix de 3 boisseaux de haricots à 5 fr. le boisseau ?

2° *Problèmes demandant plusieurs multiplications.*
(Voy. n° 174, p. 61).

235. 15 ouvriers gagnant chacun 3 fr. par jour ont travaillé pendant 25 jours. Combien leur est-il dû en tout ?

236. Un sac de blé contenant 8 boisseaux, combien est-il dû pour un achat de 35 sacs au prix de 3 fr. le boisseau ?

237. Un ouvrier a économisé 15 fr. par mois ; sachant qu'il y a 12 mois dans une année, calculez combien l'ouvrier se trouvera avoir économisé au bout de 40 ans ?

238. Un siècle se composant de 100 années, l'année de 365 jours et le jour de 24 heures, combien y a-t-il d'heures dans un siècle ?

239. Sachant de plus qu'il y a 60 minutes dans une heure, et 60 secondes dans une minute, calculez combien il y a de secondes dans une année.

3° *Problèmes mêlés demandant une des trois premières opérations.*
(Voy. les n°s 125, 141, 173, p. 32, 42 et 60).

240. Combien coûtent 15 kilogrammes de café à 4 fr. le kilogramme ?

241. Un ouvrier a fait un ouvrage en 12 jours. Un autre ouvrier a mis cinq fois plus de temps pour faire le même ouvrage ; combien de jours a-t-il mis ?

242. On a acheté de l'étoffe pour 85 fr. On a payé 50 fr. Combien doit-on encore ?

243. Trois champs de même grandeur ont été vendus chacun 850 fr. Quel est le prix total des trois champs ?

244. Un marchand de volailles a acheté pour 50 fr. de poulets, 45 fr. de canards, 85 fr. d'oies et 45 fr. de dindes. A combien se montent ces achats ?

245. Quel est le prix de 56 rames de papier à 5 fr. la rame?

246. Un marchand de bois achète 84 peupliers à 12 fr. chaque. Combien paie-t-il pour les 84 peupliers ?

247. 8 ouvriers gagnent ensemble 114 fr. par semaine. Combien leur doit-on en tout pour 5 semaines de travail ?

248. On devait à un marchand 14 fr. On lui a payé 25 fr. Combien lui doit-on encore ?

249. On a acheté 3 kilogrammes de sucre pour 4 fr. en tout, 5 paquets de bougies pour 6 fr., 2 kilogrammes de café pour 8 fr. Combien devra-t-on payer au marchand ?

250. Quel est le quintuple de 25 ?

251. Combien valent 8 kilogrammes de café à 4 fr. le kilogramme ?

252. On a acheté 6 mètres de toile à 3 fr. le mètre. On en a payé 2 mètres. Combien de mètres doit-on encore ?

253. On a acheté 7 mètres de drap à 13 fr. le mètre. Combien doit-on au marchand ?

254. On a acheté 16 mètres de toile pour 48 fr. en tout. On a payé comptant 25 fr. Combien aura-t-on encore à payer ?

255. Quel est le prix de 3 paires de dindes à 5 fr. la dinde ?

256. Une oie coûtant 5 fr., quel est le prix d'une douzaine d'oies ?

257. Quelqu'un a payé pour 57 fr. de marchandises et il lui reste 31 fr. dans sa bourse. Combien avait-il ?

258. Une personne avait 105 fr.; elle a payé 78 fr. qu'elle devait. Combien lui reste-t-il encore ?

259. On a planté dans un verger 118 arbres dont 27 sont morts. Combien d'arbres ont réussi ?

260. On a acheté 125 peupliers à 18 fr. chaque. Combien doit-on pour le tout ?

261. On a payé un ouvrage de maçonnerie 1256 fr. On en a payé un autre 2545 fr. De combien celui-ci est-il plus cher que le premier ?

262. Un négociant a acheté pour 2375 fr. de marchandises. Pour combien peut-il en acheter encore s'il avait à dépenser une somme totale de 5000 fr. ?

263. Une personne est née en 1841. En quelle année a-t-elle eu 25 ans ?

264. Combien y a-t-il de mois dans 25 années?

265. 92 arbres d'une allée occupent chacun un espace de 5 mètres. Quelle est la longueur de l'allée?

4° *Problèmes mêlés demandant une ou plusieurs des trois premières opérations* (Voy. n° 175, p. 61).

266. On a acheté 8 mètres d'étoffe à 3 fr. le mètre; on a payé 2 mètres comptant. Combien doit-on pour le reste?

267. On a payé 25 fr. pour de la toile, 13 fr. pour du drap, 5 fr. pour du coton. Combien a-t-on payé en tout?

268. Un voyageur a fait 500 kilomètres en chemin de fer, 140 kilomètres dans les voitures ordinaires et 50 kilomètres à pied. Combien a-t-il fait de chemin en tout et combien a-t-il fait de kilomètres de plus en chemin de fer qu'en voiture ou à pied?

269. On a acheté à un marchand 6 mètres de drap à 12 fr. le mètre; on lui a payé 40 fr. Combien lui doit-on encore?

270. On a loué un ouvrier qu'on paie à raison de 2 fr. la journée. Il a travaillé pendant le mois de janvier 18 jours et pendant le mois de février 22 jours. Combien lui doit-on?

271. On a acheté 8 mètres de toile à 3 fr. le mètre, 2 mètres de drap à 15 fr. et 6 mètres de calicot à 1 fr. A combien se monte la dépense?

272. Un ouvrier a fait 8 journées à 3 fr. et 15 journées à 2 fr. Combien lui est-il dû pour le tout?

273. 5 ouvriers travaillent ensemble pendant 3 semaines. La journée de chacun étant fixée à 2 fr., combien leur sera-t-il dû en tout? (Se rappeler que la semaine de travail est de 6 jours.)

274. On était convenu de payer à un ouvrier 5 fr. par jour pour son travail qui dure 90 jours. On lui fait une retenue de 15 fr. sur le tout pour certaines conditions non remplies. Combien devra-t-on lui donner?

275. Il faut pour ensemencer un champ 45 boisseaux de blé. Combien en faudra-t-il pour un autre champ trois fois plus grand?

276. Combien y a-t-il de minutes dans trois jours?

277. On a loué pour faire un ouvrage 4 ouvriers pendant 12 jours à raison de 3 fr. par jour. Combien coûtera l'ouvrage?

278. On a acheté une fois 25 mètres de toile à 2 fr. le mètre, et une autre fois 37 mètres à 3 fr. Quelle somme a-t-on dépensée?

279. Un ouvrier a mis à la Caisse d'épargne pendant dix

semaines de suite 8 fr. par semaine, et plus tard il en a retiré 25 fr. Combien lui reste-t-il à la Caisse d'épargne ?

280. On a pris un moissonneur pendant 17 jours à 4 fr. par jour et un autre pendant 13 jours à 5 fr. par jour. Combien doit-on à chaque moissonneur et aux deux ensemble ? Combien doit-on à l'un plus qu'à l'autre ?

281. On a acheté 8 mètres d'étoffe à 3 fr. le mètre et 7 mètres à 5 fr. On devait d'avance 20 fr. au marchand d'étoffes. Combien lui doit-on maintenant ?

282. Un marchand vous doit 35 fr.; vous lui achetez 13 mètres d'étoffe à 4 fr. le mètre, 3 mètres à 2 fr. et 8 mètres à 5 fr. Combien devez-vous au marchand ?

283. Combien est-il dû à 15 ouvriers pour 18 journées de travail à 2 fr. la journée ?

284. Combien y a-t-il de minutes dans 4 heures 25 minutes ?

285. Combien de secondes dans 1 heure 10 minutes ?

286. Combien d'heures dans un mois de 30 jours ? Combien y a-t-il d'heures de moins dans le mois de février qui n'a que 28 jours ?

287. Un livre a 50 pages; il y a 40 lignes à la page et 50 lettres à la ligne. Combien y a-t-il de lettres dans tout le livre?

288. Vous avez acheté 8 mètres d'étoffe à 6 fr. le mètre, 12 mètres à 5 fr. et 4 mètres à 9 fr. Le marchand veut bien reprendre ensuite 5 mètres de la première sorte d'étoffe vendue par lui. Combien lui devez-vous ?

289. Un menuisier doit confectionner trois meubles avec du bois qu'on lui fournit. Le premier meuble lui demande 5 journées de travail à 4 fr., le second 3 journées, et le troisième 6 journées. Combien lui devra-t-on pour les trois meubles ?

290. Un écolier fait chaque jour pendant 5 jours 4 pages d'écriture de 20 lignes chaque. Combien fait-il de lignes en tout dans les cinq jours ?

291. Un fermier a quatre champs d'égale grandeur dans chacun desquels il a semé 50 décalitres de blé. Il récolte 8 fois plus qu'il n'a semé. Combien a-t-il semé de décalitres en tout et combien en a-t-il récolté ?

292. Un cahier de 40 pages a 20 lignes à la page et 35 lettres à la ligne. Combien de lettres en tout dans le cahier?

293. Un marchand de grains a acheté 600 boisseaux de blé à 5 fr. le boisseau, et 400 boisseaux à 4 fr., plus 300 boisseaux d'orge à 2 fr. Combien a-t-il payé en tout pour ces trois achats?

294. On a fait creuser 3 fossés de 50 mètres de longueur chacun et 2 fossés de 70 mètres. Quelle est la longueur totale des cinq fossés ?

CHAPITRE V

Division des nombres entiers.

176. *Qu'est-ce que la division?* — La *division* est une opération par laquelle on cherche combien de fois un nombre en contient un autre. Par exemple, diviser 12 par 4, c'est chercher combien de fois 12 contient 4.

177. *Qu'appelle-t-on dividende, diviseur, quotient?* — Le nombre qu'on divise s'appelle *dividende*, celui par lequel on divise s'appelle *diviseur*, et le résultat de la division s'appelle *quotient*. Par exemple, dans la division de 12 par 4, 12 est le dividende, 4 est le diviseur, et comme 12 contient 4 trois fois, 3 est le quotient.

178. *Quel est le signe de la division?* — On représente la division en écrivant le diviseur à la suite du dividende et les séparant par deux points. Par exemple, 12 : 4 signifie 12 *divisé par* 4.— On représente aussi la division en écrivant le diviseur sous le dividende et les séparant par une barre de cette manière $\dfrac{12}{4}$ ou 12/4.

179. *La table de multiplication ne peut-elle pas servir de table de division?* — La table de division est la même que celle de multiplication en regardant chaque produit comme un dividende. Par exemple, pour savoir répondre à la question : En 36 combien de fois 9 ? on se rappelle, d'après la table de multiplication, que 4 fois 9 font 36, et on dit par conséquent : *En 36 combien de fois 9 ? 4 fois.* — On dira de même : *En 40 combien de fois 9 ? 4 fois;* parce que 4 fois 9 font 36 (au-dessous de 40) et que 5 fois 9 font 45 (au-dessus de 40).

*Questions sur la table de multiplication pour servir à
la division.*

En 4 combien de fois 2 ?	En 12 combien de fois 6 ?
— 6 — 2 ?	— 18 — 6 ?
— 8 — 2 ?	— 24 — 6 ?
— 10 — 2 ?	— 30 — 6 ?
— 12 — 2 ?	— 36 — 6 ?
— 14 — 2 ?	— 42 — 6 ?
— 16 — 2 ?	— 48 — 6 ?
— 18 — 2 ?	— 54 — 6 ?

En 6 combien de fois 3 ?	En 14 combien de fois 7 ?
— 9 — 3 ?	— 21 — 7 ?
— 12 — 3 ?	— 28 — 7 ?
— 15 — 3 ?	— 35 — 7 ?
— 18 — 3 ?	— 42 — 7 ?
— 21 — 3 ?	— 49 — 7 ?
— 24 — 3 ?	— 56 — 7 ?
— 27 — 3 ?	— 63 — 7 ?

En 8 combien de fois 4 ?	En 16 combien de fois 8 ?
— 12 — 4 ?	— 24 — 8 ?
— 16 — 4 ?	— 32 — 8 ?
— 20 — 4 ?	— 40 — 8 ?
— 24 — 4 ?	— 48 — 8 ?
— 28 — 4 ?	— 56 — 8 ?
— 32 — 4 ?	— 64 — 8 ?
— 36 — 4 ?	— 72 — 8 ?

En 10 combien de fois 5 ?	En 18 combien de fois 9 ?
— 15 — 5 ?	— 27 — 9 ?
— 20 — 5 ?	— 36 — 9 ?
— 25 — 5 ?	— 45 — 9 ?
— 30 — 5 ?	— 54 — 9 ?
— 35 — 5 ?	— 63 — 9 ?
— 40 — 5 ?	— 72 — 9 ?
— 45 — 5 ?	— 81 — 9 ?

On pourra varier davantage ces questions en prenant des
nombres compris entre ceux de la table de multiplication
comme dans le 2ᵉ exemple du nᵒ 179. On dira, par exemple :
En 20 combien de fois 3 ? En 19 combien de fois 6 ? En 37 combien de fois 5 ? etc.

Division par un nombre d'un seul chiffre.

180. 1ʳᵉ RÈGLE. — DIVISION PAR UN NOMBRE D'UN
SEUL CHIFFRE (RÈGLE GÉNÉRALE). — Ecrivez le diviseur
à droite du dividende en séparant l'un de l'autre par
un trait vertical, et soulignez le diviseur, sous lequel

vous écrirez les chiffres du quotient de gauche à droite à mesure que vous les trouverez.

Prenez le premier chiffre à gauche du dividende, ou les deux premiers chiffres si le premier ne suffit pas pour contenir le diviseur. Vous marquerez ces chiffres en les séparant des autres par un point. Cette partie du dividende, suffisante pour contenir le diviseur, s'appelle *premier dividende partiel*. (Le dividende tout entier s'appelle dividende total.)

Cherchez combien de fois le premier dividende partiel contient le diviseur et écrivez ce nombre de fois au quotient.

Multipliez le diviseur par le chiffre que vous venez d'écrire au quotient et portez le produit sous le dividende partiel, puis retranchez ce produit. Le reste devra toujours être plus petit que le diviseur. (On a soin de s'en assurer en comparant l'un à l'autre.)

A côté du reste abaissez le chiffre du dividende qui suit le premier dividende partiel, et vous aurez un second dividende partiel sur lequel vous opérerez comme sur le premier. Vous trouverez ainsi un second chiffre que vous placerez au quotient à droite de celui que vous avez déjà trouvé. Vous multiplierez le diviseur par ce second chiffre, vous retrancherez le produit du second dividende partiel et vous obtiendrez ainsi un nouveau reste.

A droite de ce reste vous abaissez le chiffre suivant du dividende, vous divisez comme tout à l'heure le nouveau dividende partiel ainsi formé, et vous continuez toujours de la même manière jusqu'à ce qu'il n'y ait plus au dividende total aucun chiffre à abaisser.

181. *Qu'appelle-t-on dividendes partiels, dividende total et reste de la division ?* — On appelle *dividendes partiels* (d'après ce qu'on vient déjà de voir dans la règle précédente), les différents nombres divisés les uns après les autres pour avoir le quotient. — On appelle *dividende total* ou simplement *dividende*, le nombre tout entier qu'il fallait diviser. — On appelle *reste* de la division ce qui reste à la fin de la division sans pouvoir être divisé. Quelquefois c'est le résultat de la dernière soustraction suivi d'un ou de plusieurs

chiffres du dividende qui ne suffisent pas pour faire un dividende partiel assez fort (comme dans le 3e ex. du n° 187, p. 73).

182. 2e RÈGLE. — CE QU'IL FAUT FAIRE QUAND UN DIVIDENDE PARTIEL EST TROP PETIT POUR CONTENIR LE DIVISEUR. — On écrit 0 au quotient, puis, sans multiplier, on abaisse immédiatement le chiffre suivant du dividende total. On a ainsi un nouveau dividende partiel. S'il ne contient pas encore le diviseur, on écrit de nouveau 0 au quotient, on abaisse un autre chiffre et ainsi de suite, écrivant toujours 0 au quotient jusqu'à ce qu'on ait un dividende partiel assez grand pour contenir le diviseur.

183. 3e RÈGLE. — CE QU'IL FAUT FAIRE QUAND UNE SOUSTRACTION EST IMPOSSIBLE. — Quand une soustraction est impossible, dans la division, cela prouve qu'on a fait une faute en posant le chiffre du quotient : ce chiffre est trop fort ; on l'efface donc, ainsi que le produit qui ne peut pas se soustraire, et on écrit un autre chiffre moins élevé au quotient.

184. 4° RÈGLE. — CE QU'IL FAUT FAIRE QUAND ON TROUVE UN RESTE TROP FORT. — Si un reste est plus fort que le diviseur ou lui est égal, ceci montre qu'on s'est trompé en écrivant le chiffre du quotient : ce chiffre est trop faible ; il faut donc l'effacer, ainsi que le produit qu'il a fourni, et écrire au quotient un chiffre plus fort.

185. *Remarque sur la 3° et la 4° règle. — Précaution à prendre avant de changer un chiffre du quotient.* — La 3° et la 4° règle supposent évidemment que la multiplication par le chiffre du quotient et la soustraction qui suit ont été bien faites. On s'en assure, s'il en est besoin, en repassant ces deux opérations avant de changer le chiffre du quotient.

186. *Remarque sur le reste de la division. — Que faut-il conclure si la division a un reste ou n'en a pas ?* — Si à la fin de la division il n'y a pas de reste, c'est que le dividende contient le diviseur un nombre exact de fois. Si au contraire il y a un reste, cela indique que le diviseur n'est pas contenu exactement dans le dividende. Ce reste est ce qu'il y a de trop au dividende pour qu'il contienne exactement le diviseur. — On apprend dans un chapitre spécial à tenir compte du reste de la division. (Voy. plus loin, chapitre VII, n° 255.)

187. *Exemples de division par un seul chiffre.* — Ier EXEMPLE. (D'après la 1re règle, page 69). — Diviser 9528 par 6.

Opération.

Dividende 9·528	6 Diviseur	*Explication.* — Le
6	———	dividende et le divi-
—	1588	seur étant placés l'un
2e divid. partiel 35	Quotient	à côté de l'autre
30		comme on le voit ici,
—		je prends à gauche
3e divid. partiel 52		du dividende assez
48		de chiffres pour con-
—		tenir le diviseur. Un
4e divid. partiel 48		seul chiffre suffit,
48		cur 9 contient 6. 9
—		est donc le 1er divi-
Reste 0		dende partiel. Je

marque ce premier dividende partiel par un point.

Je dis : en 9 combien de fois 6 ? Il y est 1 fois. J'écris 1 au quotient sous le diviseur. Je multiplie le diviseur 6 par le chiffre 1 du quotient, en disant 1 fois 6 est 6. J'écris le produit 6 sous le dividende partiel 9 ; puis je retranche 6 de 9, il reste 3. Ce reste est plus petit que le diviseur.

A côté du reste 3, j'abaisse le chiffre suivant 5 du dividende total ce qui fait 35. Ce nombre 35 sera le 2e dividende partiel Je dis : En 35 combien de fois 6 ? Il y est 5 fois. j'écris 5 au quotient, je multiplie le diviseur par 5 et j'écris le produit 30 sous le dividende partiel 35. Je retranche 30 de 35, il reste 5. Ce reste n'est pas trop fort.

A côté du reste 5, j'abaisse le chiffre suivant 2 du dividende, ce qui fait 52. En 52 combien de fois 6 ? Il y est 8 fois. Je pose 8 au quotient et je dis : 8 fois 6 font 48 ; je pose 48 sous 52, je soustrais et il reste 4. Ce reste n'est pas trop fort.

A côté du reste 4, j'abaisse le dernier chiffre 8 du dividende, ce qui fait 48. En 48 combien de fois 6 ? Il y est 8 fois ; je pose 8 au quotient et je dis : 8 fois 6 font 48 ; je pose ce produit 48 sous le dividende 48 ; je soustrais, il reste 0. Ce reste 0, d'après l'observation du n° 186, signifie que le dividende 9528 contient le diviseur 6, 1588 fois tout juste.

NOTA. — On peut voir immédiatement la preuve, n°s 209 et 210, 1er ex., p. 85.

2ᵉ EXEMPLE (D'après la 1ʳᵉ règle). — Diviser 3171 par 8.

Opération.

Dividende 31·715	8 Diviseur	*Explication.* —
24	———	Le premier chiffre
—	3964	3 du dividende ne
2ᵉ divid. partiel 77	Quotient	suffisant pas pour
72		contenir le divi-
—		seur, je prends deux
3ᵉ divid. partiel 51		chiffres que je sé-
48		pare des autres par
—		un point : 31 est le
4ᵉ divid. partiel 35		1ᵉʳ dividende par-
32		tiel. En 31 combien
—		de fois 8 ? Il y est
Reste 3		3 fois. 3 fois 8 font

24 ; je pose 24 que je retranche de 31, il reste 7.

J'abaisse 7. En 77 combien de fois 8? Il y est 9 fois. 9 fois 8 font 72 ; je retranche 72 de 77, il reste 5.

J'abaisse 1. En 51 combien de fois 8 ? Il y est 6 fois. 6 fois 8 font 48 ; je retranche 48 de 51, il reste 3.

J'abaisse 5. En 35 combien de fois 8 ? Il y est 4 fois. 4 fois 8 font 32 ; je retranche 32 de 35, il reste 3.

Comme il n'y a plus au dividende de chiffre à abaisser, la division est finie. Le quotient est 3964 avec 3 pour reste.

Voy. la preuve, nᵒ 210, 2ᵉ ex., p. 86.

Remarque. — Le reste 3, d'après l'observation du nᵒ 186 (p. 71), indique que le dividende ne contient pas le diviseur 3964 fois tout juste : 3965 serait trop fort, 3963 serait trop faible.

3ᵉ EXEMPLE (D'après la 2ᵉ règle, p. 71). — 363423 : 9.

Opération.

Dividende	36·3423	9 Diviseur
	36	———
	—	40380
2ᵉ et 3ᵉ divid. partiel	034	Quotient
	27	
	—	
4ᵉ divid. partiel	72	
	72	
	—	
5ᵉ divid. et reste	03	

Explication. — Je prends deux chiffres au dividende. En 36 combien de fois 9 ? Il y est 4 fois. 4 fois 9 font 36 ; je soustrais 36 de 36, il reste 0.

J'abaisse 3. En 3 combien de fois 9 ? Il n'y est pas. Je pose 0 au quotient.

J'abaisse 4. En 34 combien de fois 9 ? Il y est 3 fois. 3 fois 9 font 27 ; je retranche 27 de 34, il reste 7.

J'abaisse 2. En 72 combien de fois 9 ? Il y est 8 fois. 8 fois 9 font 72 ; je retranche 72 de 72. Il reste 0.

J'abaisse 3. En 3 combien de fois 9 ? Il n'y est pas. Je pose 0 au quotient.

Comme il n'y a plus de chiffre à abaisser, la division est finie. Le quotient est 40380, et le 5ᵉ dividende partiel 3 est en même temps le reste de la division.

4ᵉ EXEMPLE. (2ᵉ Règle, p. 71). — 8404201 : 6

8404201	6
6	
—	1400700
24	
24	
—	
0042	
42	
—	
001	

Explication. — Chaque fois qu'on abaisse un chiffre du dividende, on doit se demander, d'après la 1ʳᵉ et la 2ᵉ règle, *combien de fois il y va,* c'est-à-dire combien de fois le diviseur est contenu dans le dividende partiel ; on écrit par conséquent chaque fois un chiffre au quotient. On écrit donc au quotient plusieurs fois de suite 0 si plusieurs fois de suite il n'y va pas. C'est ainsi que dans notre exemple il y a plusieurs zéros de suite au quotient. On doit d'ailleurs faire attention de ne pas se demander combien de fois il y va, *avant* d'avoir abaissé un chiffre.

188. *Remarque sur la 3ᵉ et la 4ᵉ règle. — Comment les exemples de ces règles se présentent d'eux-mêmes.* — Nous ne donnons pas d'exemples de la 3ᵉ et de la 4ᵉ règle (p. 71), parce que les élèves rencontrent ces exemples involontairement lorsqu'ils calculent. Il leur arrive de temps en temps de poser au quotient un chiffre trop fort ou trop faible. Ils sont avertis de leur faute par une soustraction impossible ou par un reste trop fort. Ils doivent alors recommencer, ainsi que le prescrivent les deux règles, après avoir toutefois vérifié leur premier calcul d'après la remarque du nᵒ 185 (p. 71).

Division raisonnée (CAS GÉNÉRAL).

189. RAISON DE LA RÈGLE DE LA DIVISION (1ʳᵉ Règle, p. 69). Le dividende, d'après la règle, fournit plusieurs dividendes partiels. Chaque dividende partiel à son tour se décompose en deux parties : 1ᵒ un produit qui contient le diviseur exactement le nombre de fois indiqué par le chiffre du quotient ; 2° un reste qui n'est pas encore divisé et qui va entrer dans un nouveau dividende partiel. Or, en écrivant combien de fois le diviseur est contenu dans tous les produits que renfermait le dividende et qui en sont retranchés successivement, on a évidemment le nombre de fois qu'il est contenu dans le dividende tout entier. Les différents dividendes partiels doivent d'ailleurs donner au quotient des chiffres de l'espèce qu'ils représentent : ainsi le dividende partiel qui exprime des mille doit donner au quotient des mille, celui qui exprime des centaines doit donner des centaines, celui qui exprime des unités doit donner des unités.

190. *Explication.* — Prenons le 2ᵉ exemple du nᵒ 187 p. 73, division de 31715 par 8. Le dividende 31715 fournit plusieurs dividendes partiels, au nombre de quatre. Le premier dividende partiel 31, étant un nombre de mille, doit donner au quotient des mille : car ce dividende représentant des mille doit contenir le diviseur mille fois plus que s'il représentait des unités, c'est-à-dire 3 mille fois au lieu de 3 fois ; le premier chiffre 3 à gauche du quotient, au lieu de signifier des unités, signifiera donc des mille. Le produit 24 représente aussi des mille. Il contient le diviseur exactement 3 mille fois. Le retrancher du dividende partiel, c'est donc retrancher la partie qui vient d'être divisée. Le reste au contraire n'est pas divisé encore, mais va l'être, au moins en partie, dans le dividende partiel suivant. — Le second dividende partiel 77 est formé de 7 mille qui restent du premier dividende partiel, et de 7 centaines abaissées du dividende total, ce qui fait 77 centaines : ce dividende représentant des centaines contiendra le diviseur cent fois plus que s'il représentait des unités, par conséquent 9 cents fois au lieu de 9 fois ; le second chiffre 9 du quotient exprimera donc des centaines. Le produit 72 centaines contient le diviseur exactement 9 cents fois. Ce produit se trouvant divisé, on le retranche comme on a fait plus haut pour 24 mille. — Le troisième dividende partiel 51 dizaines donnera de même au quotient 6 dizaines, et le quatrième dividende partiel 35 unités donnera 4 unités. Il reste 3 unités qui ne contiennent pas le diviseur. — Le quotient de la division, 3964, est donc composé du nombre de fois que le diviseur est contenu dans toutes les parties que renfermait le dividende. Il exprime donc le nombre de fois que le diviseur est contenu dans le dividende tout entier.

NOTA. — En additionnant tous les dividendes partiels on aurait un nombre supérieur au dividende total. Si on additionne au contraire tous les produits avec le dernier reste, on aura le dividende total : c'est ce qu'il est facile de vérifier.

191. *Pourquoi, lorsqu'un dividende partiel ne contient pas le diviseur, met-on 0 au quotient ?* (2° règle, p. 71.) — C'est afin que les chiffres fournis par les autres dividendes partiels soient à la place qui leur convient. Ainsi, dans le 3° exemple, p. 73, le premier chiffre 4 du quotient n'exprimerait pas des dizaines de mille, comme il le faut, s'il n'était suivi à droite que des deux chiffres significatifs 3 et 8.

Division abrégée, par un nombre d'un seul chiffre.

192. 5e RÈGLE. — DIVISION ABRÉGÉE. — On peut, pour abréger la division, ne pas écrire les différents produits qu'on obtient en multipliant le diviseur par chaque chiffre du quotient ; on retranche alors ces produits sans les écrire.

193. *Exemples de division abrégée.* — 1re division, ci-dessus, p. 72, abrégée.

Dividende 9·528	6 Diviseur	*Explication*. —
2° divid. partiel 35	————	Je prends un chiffre
3e divid. partiel 52	1588	au dividende. En 9
4e divid. partiel 48	Quotient	combien de fois 6 ?
Reste 0		Il y est 1 fois. 1 fois

6 est 6 ; 6 ôté de 9, reste 3. Ce reste est plus petit que le diviseur.

J'abaisse 5. En 35 combien de fois 6 ? Il y est. 5 fois. 5 fois 6 font 30 ; 30 ôté de 35, reste 5. Ce reste n'est pas trop fort.

J'abaisse 2. En 52 combien de fois 6 ? Il y est 8 fois. 8 fois 6 font 48 ; 48 ôté de 52, reste 4. Ce reste n'est pas trop fort.

J'abaisse 8. En 48 combien de fois 6 ? Il y est 8 fois. 8 fois 6 font 48. 48 ôté de 48, reste 0.

2e division abrégée (p. 73).   3e division abrégée (p. 73).

31·715	8	36·3423	9
77	———	034	———
51	3964	72	40380
35		03	
3			

4ᵉ division abrégée (p. 74).

```
8404201 | 6
  24     ----------
  0042   | 1400700
  001
```

Voy. les preuves des deux premiers exemples, n⁰ 210, page 86.

Division par un nombre de plusieurs chiffres.

194. 6ᵉ RÈGLE. — DIVISION PAR UN NOMBRE DE PLUSIEURS CHIFFRES (RÈGLE GÉNÉRALE). — Prenez sur la gauche du dividende autant de chiffres qu'il y en a au diviseur ou un de plus de manière à avoir un nombre assez grand pour contenir le diviseur, et séparez ces chiffres par un point à droite. Ces chiffres seront le 1ᵉʳ dividende partiel.

Cela fait, cherchez combien de fois le premier dividende partiel contient le diviseur et écrivez le nombre de fois au quotient. Multipliez tout le diviseur par le chiffre du quotient et écrivez le produit sous le dividende partiel. Soustrayez ce produit du dividende partiel et faites attention si le reste ne serait pas égal ou supérieur au diviseur, car dans ce cas il faudrait corriger le chiffre du quotient d'après la 4ᵉ règle ci-dessus (p. 71). Si la soustraction était impossible, il faudrait corriger ce chiffre d'après la 3ᵉ règle (p. 71).

La soustraction étant faite, et le reste étant reconnu convenable, abaissez à droite du reste le chiffre suivant du dividende et divisez le second dividende partiel de la même manière que le premier.

Vous continuez ainsi la division en abaissant les différents chiffres du dividende comme pour la division d'un nombre par un seul chiffre. Vous observez pour cela les mêmes règles.

195. NOTA. — La raison de cette règle est la même que celle de la 1ʳᵉ règle (division par un seul chiffre), n⁰ˢ 189 et 190, p. 74.

196. 7ᵉ RÈGLE. — MANIÈRE DE TROUVER PROMPTEMENT QUEL CHIFFRE IL FAUT METTRE AU QUOTIENT. — Au lieu de chercher d'un seul coup combien de fois un dividende partiel contient tout le diviseur, on ne fait attention un instant qu'au premier chiffre à

gauche du diviseur, négligeant pour un moment tous les autres à droite. On néglige en même temps à droite du dividende partiel autant de chiffres qu'on en a négligés au diviseur. On cherche alors combien de fois le premier chiffre du diviseur est contenu dans le premier ou les deux premiers chiffres qui restent à gauche du dividende partiel. Mais avant d'écrire le nombre de fois au quotient, on voit par la pensée si en multipliant tout le diviseur par le chiffre qu'on va écrire au quotient on ne devrait pas avoir dans la multiplication, à la fin surtout, des retenues qui rendraient la soustraction impossible. Si la soustraction doit ainsi être impossible à cause des retenues, on diminue le chiffre du quotient qu'on voulait écrire, d'une ou au besoin de plusieurs unités, de manière que la soustraction puisse s'effectuer.

197. *Remarque sur cette règle.* — *Cas où elle semble donner un chiffre supérieur à 9 au quotient.* — Il peut arriver que le premier ou les deux premiers chiffres pris à gauche du dividende partiel contiennent dix fois ou même plus de dix fois le premier chiffre du diviseur. Mais les retenues provenant des chiffres négligés à droite font toujours qu'il n'y va pas plus de 9 fois, à moins pourtant que le reste précédent soit trop fort. Si réellement il y allait plus de dix fois, malgré les retenues, on aurait fait une faute; il faudrait alors augmenter le dernier chiffre du quotient de manière à obtenir un reste plus petit que le diviseur.

198. *Exemples de division par un nombre de plusieurs chiffres* (d'après la 6ᵉ et la 7ᵉ règle, p. 77). — 1ᵉʳ EXEMPLE.

84·713	32
64	———
———	2647
207	
192	
———	
151	
128	
———	
233	
224	
———	
9	

Explication. — Je prends seulement les deux premiers chiffres du dividende parce qu'ils suffisent pour contenir le diviseur. 84 est donc le 1ᵉʳ dividende partiel.

Je cherche combien de fois 84 contient 32, et pour cela au lieu de dire : En 84 combien de fois 32 ? je dis plus simplement d'après la 7ᵉ règle, négligeant un chiffre au dividende et au diviseur : En 8 combien de fois 3 ? Il y est 2 fois; mais avant d'écrire 2 au quotient, je cherche, en multipliant *de tête* le diviseur

32 par 2, si le produit ne sera pas plus fort que le dividende partiel 84. Je m'assure ainsi d'avance que la soustraction sera possible et que je puis par conséquent écrire 2 au quotient. Je multiplie maintenant 32 par 2, ce qui fait 64. Je retranche 64 de 84, il reste 20.

A droite de 20 j'abaisse 7. Puis, au lieu de dire : En 207 combien de fois 32? je dis : En 20 combien de fois 3 ? Il y est 6 fois. En multipliant par la pensée le diviseur 32 par 6, je vois que le produit ne sera pas plus fort que 207 et que la soustraction sera possible. J'écris donc 6 au quotient. Je multiplie 32 par 6, ce qui fait 192. Je retranche 192 de 207, il reste 15.

J'abaisse 1. Je dis : En 15 combien de fois 3 ? Il y est 5 fois Je ne puis pourtant pas écrire 5 au quotient, parce qu'en faisant de tête la multiplication de 32 par 5, je vois que le produit sera plus fort que 151 et qu'ainsi la soustraction sera impossible. J'essaie donc 4 au lieu de 5 au quotient, toujours par la pensée. La soustraction cette fois sera possible ; j'écris donc 4 au quotient. Je multiplie 32 par 4, ce qui fait 128 ; je retranche 128 de 151, il reste 23.

J'abaisse 3. En 23 combien de fois 3 ? Il y est 7 fois. En essayant par la pensée le chiffre 7, je vois que la soustraction sera possible ; j'écris donc 7 au quotient. Je multiplie 32 par 7, ce qui fait 224, je retranche 224 de 233, il reste 9.

2ᵉ EXEMPLE.

	Dividende	280·152906	47 Diviseur.
		235	
		———	5960700
2ᵉ dividende partiel		451	Quotient.
		423	
		———	
3ᵉ dividende partiel		285	
		282	
		———	
4ᵉ et 5ᵉ dividende partiel		329	
		329	
		———	
6ᵉ et 7ᵉ dividende partiel, et reste		006	

Explication. — Je prends trois chiffres, de sorte que le 1ᵉʳ dividende partiel est 280. Puis négligeant un chiffre au dividende et au diviseur, je dis : En 28 combien de fois 4 ? Il y est 7 fois. J'essaie 7 (par la pensée) ; 7 est trop fort. J'essaie 6 ; 6 est aussi trop fort. J'essaie 5 : la soustraction sera possible ; j'écris donc 5 au quotient. Multipliant 47 par 5, j'ai pour produit 235 que je soustrais de 280 ; il reste 45.

J'abaisse 1. En 45 combien de fois 4 ? Il y est plus de 9 fois.

D'après l'observation du n° 197, (p. 78), j'essaie 9. La soustraction étant possible, j'écris 9 au quotient. Je multiplie 47 par 9, je retranche le produit 423 de 450, il reste 28.

J'abaisse 5. En 28 combien de fois 4 ? Il y est 7 fois. J'essaie 7 ; 7 est trop fort. J'essaie 6 : la soustraction étant possible, j'écris 6 au quotient. Je multiplie 47 par 6, je retranche le produit 282 de 285, il reste 3.

J'abaisse 2. En 32 combien de fois 47? Il n'y est pas J'écris 0 au quotient. (Ici j'ai pris tous les chiffres du dividende partiel et du diviseur pour avoir le chiffre du quotient, parce qu'il était facile de voir tout de suite que le dividende était plus petit que le diviseur et qu'il n'y allait pas).

J'abaisse 9. En 32 combien de fois 4 ? Il y est 8 fois. J'essaie 8 ; 8 est trop fort. J'essaie 7. Il y va bien 7 fois. Je multiplie 47 par 7. Je retranche le produit 329 de 329, il reste 0.

J'abaisse 0. En 0 combien de fois 47? Il n'y est pas. J'écris 0 au quotient.

J'abaisse 6. En 6 combien de fois 47 ? Il n'y est pas. J'écris de nouveau 0 au quotient.

Le dernier dividende partiel 6 est en même temps le reste de la division.

Remarque. — Dans la dernière partie de l'opération, on pouvait continuer à négliger un chiffre à droite du diviseur et de chaque dividende partiel, et dire par conséquent, au 4e dividende, en 3 combien de fois 4 ? puis, au 6e et au 7e, en 0 combien de fois 4 ? Ceci est même plus commode pour quelques-uns.

<table>
<tr><td colspan="2" align="center">3e EXEMPLE.</td><td colspan="2" align="center">4e EXEMPLE.</td></tr>
<tr><td>3079·83547</td><td>354</td><td>40237·984</td><td>16395</td></tr>
<tr><td>2832</td><td></td><td>37790</td><td></td></tr>
<tr><td></td><td>870010</td><td></td><td>2454</td></tr>
<tr><td>2478</td><td></td><td>74479</td><td></td></tr>
<tr><td>2478</td><td></td><td>65580</td><td></td></tr>
<tr><td>0354</td><td></td><td>88998</td><td></td></tr>
<tr><td>354</td><td></td><td>81975</td><td></td></tr>
<tr><td>07</td><td></td><td>70234</td><td></td></tr>
<tr><td></td><td></td><td>64780</td><td></td></tr>
<tr><td></td><td></td><td>5454</td><td></td></tr>
</table>

Explication du 3e exemple. — Je prends quatre chiffres. Puis, négligeant deux chiffres à droite du diviseur et du dividende partiel (n° 196), je dis : En 30 combien de fois 3? Il y est plus de 9 fois ; j'essaie 9 (n° 197) : 9 est trop fort, j'écris 8. Je continue pour les autres dividendes partiels, en négligeant toujours deux chiffres au dividende et au diviseur.

Explication du 4ᵉ exemple. — Je prends cinq chiffres. Puis, négligeant quatre chiffres à droite du diviseur et du dividende partiel, je dis : En 4 combien de fois 1? Il y est 4 fois, mais à cause des retenues j'écris seulement 2 au quotient. Je continue en négligeant toujours quatre chiffres au dividende et au diviseur.

199. *Remarque sur la* 7ᵒ *règle* (3ᵒ et 4ᵉ ex, p. 80). — *Cas où cette règle se simplifie.* — Lorsqu'on essaie un chiffre qu'on va poser au quotient, il n'est pas nécessaire ordinairement de multiplier de tête tous les chiffres du diviseur : il suffit le plus souvent de multiplier l'avant-dernier chiffre de gauche pour savoir combien il y aura de retenues à joindre au produit du dernier chiffre. Par exemple, dans le 3ᵉ exemple ci-dessus, au 1ᵉʳ dividende partiel, on voit tout de suite qu'il n'y va pas 9 fois, parce qu'en multipliant l'avant-dernier chiffre 5 à gauche du diviseur par 9, on a 45, ce qui donne 4 de retenue, et que cette retenue suffit pour rendre la soustraction impossible. — D'un autre côté il est quelquefois plus avantageux de garder un chiffre de plus au diviseur et au dividende pour avoir le chiffre du quotient. C'est ainsi que dans le 4ᵉ exemple, au lieu de dire : en 4 combien de fois 1? il serait plus rapide de dire : En 40 combien de fois 16? il y est 2 fois. Car on voit facilement que 2 fois 16 font 32 et que 3 fois 16 font plus de 40.

200. *Pourquoi, pour trouver facilement un chiffre du quotient, peut-on négliger quelques chiffres à droite du dividende partiel et du diviseur ?*—(7ᵒ Règle, p. 77.) — Les chiffres à droite d'un nombre exprimant les unités les moins fortes, on peut les négliger sans changer beaucoup le nombre. C'est pourquoi en négligeant un ou plusieurs chiffres de même espèce à droite du dividende et du diviseur, on a au quotient à peu près le même chiffre que si l'on ne négligeait rien. On doit seulement avant d'écrire ce chiffre du quotient, le corriger en tenant compte des retenues.

Division abrégée, par un nombre de plusieurs chiffres.

201. 8e Règle. — Division abrégée quand le diviseur a plusieurs chiffres. — A mesure qu'on multiplie chaque chiffre du diviseur par un chiffre du quotient, on retranche, sans l'écrire, le produit obtenu, du chiffre sous lequel on l'écrirait, en augmentant ce dernier chiffre *d'autant de dizaines* qu'il est nécessaire pour rendre la soustraction possible, puis on retient chaque fois ces dizaines. Le produit fourni par le dernier chiffre à gauche du diviseur se retranche des chiffres qui restent (un ou deux) à gauche du dividende partiel sans qu'on puisse y rien ajouter. Si cette dernière soustraction ne pouvait se faire, cela prouverait que le chiffre posé au quotient est trop fort, et l'on remplacerait ce chiffre par un autre plus faible.

Nota. — La raison pour laquelle on ajoute et on retient un certain nombre de dizaines, est la même que celle que nous avons donnée pour une seule dizaine dans la soustraction raisonnée (n° 134, p. 40).

202. *Exemples de division abrégée.* — 1er Exemple (Le même que le 1er ex. du n° 198, p. 78.)

Dividende	84·713	32 Diviseur.	*Explication.* —
2e divid. partiel	207		Je prends deux
3e divid. partiel	151	2647	chiffres au divi-
4e divid. partiel	233	Quotient.	dende. 84 est le
Reste	9		1er dividende par-

tiel. En 8 combien de fois 3 ? Il y est 2 fois ; la soustraction sera possible ; je pose 2 au quotient, puis je multiplie 32 par 2, et je soustrais en même temps le produit de chaque chiffre en disant : 2 fois 2 font 4, 4 de 4 reste 0 ; 2 fois 3 font 6, 6 de 8 reste 2.

J'abaisse 7. En 20 combien de fois 3 ? Il y est 6 fois ; la soustraction sera possible : je pose 6 au quotient. 6 fois 2 font 12, 12 de 17 reste 5 et je retiens 1 ; 6 fois 3 font 18, et 1 de retenue font 19, 19 de 20 reste 1. (La dizaine retenue tout à l'heure est celle ajoutée à 7 pour faire 17.

J'abaisse 1. En 15 combien de fois 3? Il y est 5 fois, mais, en posant 5 au quotient, la soustraction serait impossible, il faut donc écrire au quotient un chiffre inférieur à 5 : je pose 4 ; la soustraction sera possible. 4 fois 2 font 8, 8 de 11 reste 3 et je retiens 1; 4 fois 3 font 12 et 1 de retenue font 13, 13 de 15 reste 2.

J'abaisse 3. En 23 combien de fois 3 ? Il y est 7 fois. En écrivant 7 au quotient, la soustraction sera possible. 7 fois 2 font 14, 14 de 23 reste 9 et je retiens 2 (parce que j'ai soustrait de 23) ; 7 fois 3 font 21 et 2 font 23, 23 de 23 reste 0.

Remarque. — Si pour premier chiffre du quotient on avait écrit par erreur 3 au lieu de 2, on aurait dit : 3 fois 2 font 6, 6 de 14 reste 8 et je retiens 1 ; 3 fois 3 font 9 et 1 de retenue font 10, 10 de 8 *impossible*, sans qu'il fût permis d'ajouter une dizaine, parce que c'est là la fin de la soustraction, ainsi qu'il est dit dans la règle précédente (n° 201. Se rappeler aussi l'observation du n° 126, p. 41, au sujet) du signe auquel on reconnaît une soustraction impossible.

2ᵉ EXEMPLE. (Le 2ᵉ ex. du n° 198, p. 79.)

```
                Dividende   280·152906  | 47 Diviseur.
     1ᵉʳ dividende partiel   451        |  ───────────
     2ᵉ dividende partiel     285        | 5960700
3ᵉ et 4ᵉ dividende partiel   329         | Quotient.
5ᵉ et 6ᵉ dividende partiel et reste 006
```

Explication. — Je prends trois chiffres au dividende : 280 est le 1ᵉʳ dividende partiel. En 28 combien de fois 4 ? Il y est 7 fois. A cause des retenues, 7 est trop fort ; j'essaie 6 qui est trop fort aussi ; j'écris 5 au quotient. 5 fois 7 font 35, 35 de 40 reste 5 et je retiens 4 ; 5 fois 4 font 20 et 4 font 24, 24 de 28 reste 4.

J'abaisse 1. En 45 combien de fois 5 ? Il y est 9 fois ; j'essaie 9, la soustraction est possible, j'écris 9 au quotient. 9 fois 7 font 63, 63 de 71 reste 8 et je retiens 7 ; 9 fois 4 font 36 et 7 font 43, 43 de 45 reste 2.

J'abaisse 5. En 28 combien de fois 4 ? Il y est 7 fois ; 7 est trop fort, j'écris 6 au quotient. 6 fois 7 font 42, 42 de 45 reste 3 et je retiens 4 ; 6 fois 4 font 24 et 4 font 28, 28 de 28 reste 0.

J'abaisse 2. En 32 combien de fois 47, ou en 0 combien de fois 4 ? Il n'y est pas, j'écris 0 au quotient. 0 ne multiplie pas.

J'abaisse 9. En 32 combien de fois 4 ? Il y est 8 fois. 8 est trop fort, j'écris 7 au quotient. 7 fois 7 font 49. 49 de 49 reste 0, et je retiens 4; 7 fois 4 font 28 et 4 font 32, 32 de 32 reste 0.

J'abaisse 0. Le dividende partiel 0 ne contenant pas le diviseur, j'écris 0 au quotient.

J'abaisse 6. Le dividende partiel 6 ne contenant pas le diviseur, j'écris de nouveau 0 au quotient.

Le dividende partiel 6 est en même temps le reste de la division.

3ᵉ et 4ᵉ EXEMPLES. (Les derniers du nᵒ 198, p. 80 .)

<table>
<tr><td colspan="2">3ᵉ EXEMPLE.</td><td colspan="2">4ᵉ EXEMPLE.</td></tr>
<tr><td>3079·8354</td><td>354</td><td>40237·984</td><td>16395</td></tr>
<tr><td>2478</td><td></td><td>74479</td><td></td></tr>
<tr><td>0354</td><td>870010</td><td>88998</td><td>2454</td></tr>
<tr><td>07</td><td></td><td>70234</td><td></td></tr>
<tr><td></td><td></td><td>5454</td><td></td></tr>
</table>

Explication du 3ᵉ exemple. — Je prends quatre chiffres. Puis, négligeant deux chiffres à droite du diviseur et du dividende partiel, je dis : En 30 combien de fois 3 ? A cause des retenues, 8 fois. 8 fois 4 font 32, 32 de 39 reste 7 et je retiens 3 ; 8 fois 5 font 40 et 3 font 43, 43 de 47 reste 4 et je retiens 4 ; 8 fois 3 font 24 et 4 font 28, 28 de 30 reste 2. — J'abaisse 8. En 24 combien de fois 3 ? A cause des retenues, 7 fois. 7 fois 4 font 28, etc.

Explication du 4ᵉ exemple. — Je prends cinq chiffres. Puis, négligeant quatre chiffres à droite du diviseur et du dividende partiel, je dis: En 4 combien de fois 1 ? A cause des retenues 2 fois. 2 fois 5 font 10, 10 de 17 reste 7 et je retiens 1 ; 2 fois 9 font 18 et 1 font 19, 19 de 23 reste 4 et je retiens 2, etc. — J'abaisse 9. En 7 combien de fois 1 ? A cause des retenues 4 fois. 4 fois 5 font 20, 20 de 29 reste 9 et je retiens 2 ; 4 fois 9 font 36 et 2 font 38, 38 de 47 reste 9 et je retiens 4 ; et ainsi de suite.

Cas particuliers.

203. 9ᵉ RÈGLE. — DIVISION D'UN NOMBRE ENTIER TERMINÉ PAR DES ZÉROS, PAR 10, PAR 100, PAR 1000, ETC. — Si un nombre entier terminé par des zéros doit être divisé par 10, par 100, par 1000..., il suffit, pour le diviser, d'effacer à droite un, deux, trois... zéros ; on efface en général autant de zéros à droite du nombre à diviser, qu'il y en a après le chiffre 1 dans les nombres 10, 100, 1000...

Par exemple, pour diviser 480000 par 100, on écrit 4800 ; pour diviser le même nombre par 10000, on écrit 48.

204. *Pourquoi, pour diviser un nombre par 10, par 100, par 1000, etc., suffit-il d'effacer un ou plusieurs*

zéros à sa droite? — Parce qu'en effaçant un zéro à la droite d'un nombre, tous les chiffres prennent une valeur 10 fois moindre ; en effaçant deux zéros ils prennent une valeur 100 fois moindre, et ainsi de suite. Le nombre 480000, dans l'exemple précédent, est donc rendu d'abord 100 fois plus petit, en second lieu 1000 fois plus petit. (Se rappeler le n° 88, p, 21).

205. 10ᵉ Règle. — Cas général ou le dividende et le diviseur sont terminés par des zéros. — On peut alors supprimer un même nombre de zéros à droite du dividende et du diviseur, et le quotient ne sera pas changé.

206. *Exemple.* — Si l'on a à diviser 84000 par 300, on pourra diviser plus simplement 840 par 3.

$$840 \mid \underline{\quad 3 \quad} \qquad \text{au lieu de} \qquad 84000 \mid \underline{\quad 300 \quad}$$
$$ 280 \qquad\qquad\qquad\qquad\qquad 280$$

207. *Pourquoi peut-on effacer le même nombre de zéros à la droite du dividende et du diviseur?* — Parce que les deux nombres ensemble sont rendus 10 fois, 100 fois, 1000 fois plus petits. Par conséquent, l'un contient l'autre le même nombre de fois qu'auparavant.

208. *Qu'appelle-t-on moitié, tiers, quart, cinquième, sixième, septième, etc., d'un nombre?* — Lorsqu'un nombre est contenu deux fois dans un autre, le premier nombre est dit la *moitié* du second ; lorsqu'il y est contenu trois fois, il en est le *tiers ;* lorsqu'il y est contenu quatre fois, il en est le *quart;* cinq fois, le *cinquième;* six fois, le *sixième;* sept fois, le *septième;* et ainsi de suite.

Par exemple, 3 est la moitié de 6, le tiers de 9, le quart de 12, le cinquième de 15, le sixième de 18.

Preuve de la division.

209. On fait la preuve de la division en multipliant le diviseur par le quotient, ou plus ordinairement le quotient par le diviseur; on ajoute au produit le reste de la division. Si la somme est égale au dividende, l'opération a été bien faite.

5

210. *Exemples de preuve de la division.* —

1re division, p. 72 et 76.   2e division, p. 73 et 74.

1588	Quotient.		3964	Quotient.
× 6	Diviseur.		× 8	Diviseur.
9528	Dividende.		31712	
			+ 3	Reste.
			31715	Dividende.

1re division, p. 82.

2647	Quotient.	ou	32	Diviseur.
× 32	Diviseur.		2647	Quotient.
5294			224	
7941			128	
+ 9	Reste.		192	
			64	
84713	Dividende.		+ 9	Reste.
			84713	Dividende.

211. *Raison de la preuve de la division.* — Le quotient indique combien de fois le diviseur est contenu dans le dividende, ou, en d'autres termes, combien de fois il faut prendre le diviseur pour avoir le dividende. Par conséquent, si l'on prend le diviseur ce nombre de fois, on obtiendra nécessairement pour produit le dividende. — Si la division a donné un reste, il doit être ajouté au produit, parce que ce reste est une partie du dividende qui n'a pas servi dans la division.

Usages de la division.

212. 1er USAGE. —La division sert à trouver combien de fois un nombre est contenu dans un autre, ou combien de fois il est plus petit qu'un autre. (Cela résulte de la définition du n° 176, p. 68).

1er Ex. — *Problème.* — Un grenier peut contenir 25 hectolitres de grain ; un autre en contient jusqu'à 350. Combien de fois le premier grenier est-il plus petit que le second ?

Opération.   350 | 25
                  |——
                  | 14

Réponse. 14 fois.

2e Usage. — La division sert à rendre un nombre un certain nombre de fois plus petit, à le partager en plusieurs parties égales, ou à en prendre une certaine partie, comme la moitié, le tiers, le quart, etc.

2e Ex. — *Problème.* — Partager une somme de 2468 fr. entre 5 personnes, ou prendre la cinquième partie de 2468 fr. (No 208, p. 85).

$$\text{Opération.} \quad \begin{array}{r|l} 2468 & 5 \\ \hline & 493 \end{array} \quad \text{(Il reste 3.)}$$

Réponse. — La part de chaque personne sera de 493 fr., et il y aura un reste de 3 fr. ; ou en d'autres termes, 493 fr. est le cinquième de 2468 fr., avec 3 pour reste. (Plus loin on apprendra à tenir compte des restes.)

3e Usage. — Si l'on connaît un produit et l'un de ses facteurs, on trouve l'autre facteur en divisant le produit par le facteur connu.

3e Ex. — *Problème.* — Quel est le nombre qui, étant multiplié par 300, donne au produit 15000 ?

$$\text{Opération.} \quad \begin{array}{r|l} 15000 & 300 \\ \hline & 50 \end{array}$$

Réponse. — C'est 50.

4e Usage. — Pour savoir le prix d'un objet quand on connaît le prix de plusieurs, on divise le prix total par le nombre des objets.

4e Ex. — *Problème.* — 25 mètres de toile ont coûté 75 fr. Quel est le prix du mètre ?

$$\text{Opération.} \quad \begin{array}{r|l} 75 & 25 \\ \hline & 3 \end{array}$$

Réponse. — Le mètre a coûté 3 fr.

5e Usage. — Si l'on sait le prix d'un objet et qu'on veuille savoir combien on aurait d'objets semblables pour une somme déterminée, on divise cette somme par le prix connu.

5e Ex. — *Problème.* — Un mètre de drap coûte 9 fr. Combien aura-t-on de mètres pour 405 fr.?

$$\text{Opération.} \quad \begin{array}{r|l} 405 & 9 \\ \hline & 45 \end{array}$$

Réponse. — 45 mètres.

6e USAGE. — On emploie la division pour changer des unités plus petites en unités plus grandes.

6e Ex. — *Problème.* — Sachant que 60 minutes font une heure, combien y a-t-il d'heures dans 1440 minutes?

Opération. 1440 | 60
$$\overline{\qquad}$$
| 24

Réponse. — 24 heures.

213. REMARQUE GÉNÉRALE. — Les usages de la division sont l'opposé de ceux de la multiplication, comme ceux de la soustraction sont l'opposé de ceux de l'addition.

214. *Problèmes demandant plusieurs divisions.* — EXEMPLE. – On a payé à 25 ouvriers pour 32 jours de travail la somme de 2400 fr. Quel est le prix de la journée de chaque ouvrier ?

Solution. — Je divise 2400 fr. par 32 pour avoir la journée de tous les ouvriers ensemble : le quotient est 75. Puis je divise 75 par 25 pour avoir la journée de chaque ouvrier : le quotient est 3.

Réponse. — Le prix de la journée de chaque ouvrier est de 3 fr.

Remarque. — J'aurais pu changer l'ordre des divisions et diviser d'abord 2400 par 25, puis le quotient par 32 : le résultat aurait été le même. — J'aurais pu enfin multiplier 32 par 25 pour avoir le nombre total des journées et diviser 2400 par le produit. Le résultat aurait encore été le même.

215. *Problèmes demandant plusieurs des quatre premières opérations.* — EXEMPLE. — 18 personnes se sont mises ensemble pour acheter 3 pièces de drap de 25 mètres chacune à 12 fr. le mètre, et 2 pièces de toile de 42 mètres chacune à 3 fr. le mètre. Combien chaque personne aura-t-elle à payer?

Solution. — Je multiplie 25 par 3 pour avoir le nombre total de mètres des 3 pièces de drap : le produit est 75 mètres. Je multiplie 75 par 12 pour avoir le prix total des 75 mètres : c'est 900 fr. Multipliant de même 42 par 2 et le produit par 3, j'ai le prix des 2 pièces de toile : 252 fr. Additionnant 900 et 252, j'ai la dépense totale des 18 personnes : 1152 fr. Pour avoir enfin la dépense de chacune, je divise 1152 par 18. Je trouve au quotient 64.

Réponse. — Chaque personne aura à payer 64 fr.

Exercices sur la division des nombres entiers

(Avec preuve, p. 85).

Les élèves feront la division abrégée ou non abrégée selon que le Maître le leur indiquera.

I. DIVISION PAR UN NOMBRE D'UN SEUL CHIFFRE.

(Voy. les quatre premières règles, p. 69 à 71, et la 5ᵉ règle p. 76)

1° *D'après le 1ᵉʳ exemple*, p. 72, 76 et 86.

295. 958 : 2 ;   867 : 3 ;   792 : 4 ;   7987 : 7.

2° *D'après le 2ᵉ ex.*, p. 73, 76 et 86.

296. 13765 : 3 ;   27475 : 5 ;   39474 : 8 ;   9014 : 7.
297. 45104 : 8 ;   51024 : 9 ;   41210 : 7 ;   31471 : 8.

3° *D'après le 3ᵉ ex.*, p. 73 et 76.

298. 8457 : 7 ;   12641 : 9 ;   742 : 7 ;   576270 : 9.
299. 5673 : 9 ;   4242 : 4 ;   1200 : 8 ;   54050 : 5.

4° *D'après le 4ᵉ ex.*, p. 74 et 77.

300. 4500 : 5 ;   243000 : 3 ;   100500 : 5 ;   80004 : 4.
301. 241000 : 8 ;   6000 : 6 ;   28000 : 7 ;   60001 : 8.

II. DIVISION PAR UN NOMBRE DE PLUSIEURS CHIFFRES.

(6ᵉ, 7ᵉ et 8ᵉ règles, p. 77 et 82.)

1° *D'après le 1ᵉʳ ex.*, p. 78, 82 et 86.

302. 59024 : 43 ;   9045 : 32 ;   87432 : 50.
303. 6282 : 25 ;   70045 : 44 ;   3944 : 12.

2° *D'après le 2ᵉ ex.*, p. 79 et 83.

304. 49094 : 52 ;   278750 : 48 ;   2419800 : 37.
305. 189500 : 19 ;   2090001 : 51 ;   10456 : 98.

3° *D'après le 3ᵉ ex.*, p. 80 et 84.

306. 784704 : 536 ;   845674 : 247 ;   1567470 : 930.
307. 745630 : 831 ;   8045601 : 803 ;   5670400 : 499.
308. 5674030 : 193 ;   150270 : 169 ;   567000 : 198.

4° *D'après-le 3ᵉ et le 4ᵉ exemple*, p. 80 et 84.

309. 84723451 : 3452 ;   29487023 : 5647 ;
     275737813 : 6891 ;   392818873 : 7849.

310. 74984002 : 62478 ;   302045619 : 49037 ;
     475410000 : 15901 ;   44370374018 : 54982.
311. 192040214 : 82478 ;   139407091 : 94759 ;
     185292628 : 46312 ;   651724856923 : 92984.

III. DIVISION PAR 10, 100, 1000, ETC. (9ᵉ règle, p. 84).

312. 567000 : 10 ;   76400 : 100 ;   127470000 : 1000.
313. 40000 : 1000 ;   5600000 : 10000 ;   9000000 : 100000.

IV. CAS D'ABRÉVIATION (10ᵉ règle, p. 85).

314. 78000 : 360 ;   747100 : 3700 ;   9451000 : 250000.
315. 94500 : 2000 ;   790000 : 4000 ;   8400000 : 38000.

Problèmes.

1º *Problèmes sur la division seule.* (Voy. nº 212, p. 86.)

316. 8 mètres de drap ont coûté 38 fr. Quel est le prix du mètre ?

317. Un chapelier a payé 540 fr. pour un achat de 60 chapeaux. Combien lui coûte chaque chapeau ?

318. Combien de fois 36 est-il plus grand que 9 ?

319. Quel nombre faut-il multiplier par 6 pour avoir au produit 756 ?

320. Si l'on partage 8430 fr. entre 6 personnes, combien chacune aura-t-elle ?

321. Un décalitre de blé coûte 2 fr. Combien aura-t-on de décalitres de blé pour 174 fr. ?

322. Combien 480 heures font-elles de jours ?

323. Combien y a-t-il de semaines dans une année, l'année étant de 365 jours ?

324. Une pièce de toile de 44 mètres coûte 132 fr. A combien revient le mètre de toile ?

325. Quel nombre faut-il multiplier par 24 pour avoir 264 ?

326. Un mètre d'étoffe coûtant 4 fr., combien aura-t-on de mètres pour 52 fr. ?

327. Un sac de blé de 15 décalitres coûte 45 fr. Combien coûte le décalitre ?

328. Quel est le nombre trois fois plus petit que 60 ?

329. Prenez le sixième de 5454. (Voy. nº 208, p. 85 et 2ᵉ ex. p. 87).

330. Rendez 590000 mille fois plus petit. (Voy. nº 203, p. 84).

2º *Problèmes mêlés sur la multiplication et la division.*

331. Combien de fois 6 est-il plus petit que 630 ?

332. Quel est le prix de 24 mètres d'étoffe à 3 fr. le mètre ?

333. On partage 160 pommes entre 20 enfants. Combien chacun en aura-t-il ?

334. L'heure étant de 60 minutes, combien y a-t-il de minutes dans 3 heures ?

335. On a acheté 4 chapeaux pour 72 fr. Combien a-t-on payé chaque chapeau ?

336. Un ouvrier a travaillé une semaine à 2 fr. par jour. Combien lui doit-on pour la semaine ?

337. Quel est le nombre dix fois plus grand que 1280 ?

338. 25 enfants veulent se partager 490 dragées. Combien y en aura-t-il pour chacun ?

339. Un mètre de drap coûtant 12 fr., combien aura-t-on de mètres pour 108 fr. ?

340. Combien d'heures dans 790 minutes ?

341. 40 ouvriers ont fait ensemble en 3 jours 840 mètres d'ouvrage. Combien chacun a-t-il fait pour sa part ?

342. 15 ouvriers ont fait ensemble 25 mètres d'ouvrage en un jour. Combien en feront ils en 230 jours ?

343. Une voiture a fait 312 kilomètres en 24 heures. Combien a-t-elle fait de kilomètres à l'heure ?

344. 13 ouvriers ont mis 25 jours à faire un ouvrage. Combien a-t-il fallu en tout de jours de travail pour faire cet ouvrage ?

345. Un sac contient 650 pommes. Combien y en aura-t-il dans 23 sacs ?

346. Un sac contient 840 pommes. Combien faudra-t-il de sacs pour contenir 3720 pommes ?

347. La France a 36000000 d'habitants et la Belgique 5000000. Combien de fois la France est-elle plus peuplée que la Belgique ?

348. Dans une école on dépense 3 litres d'encre par semaine. Combien faudra-t-il de temps pour épuiser une provision de 108 litres ?

349. On a acheté 5 mètres d'étoffe pour 45 fr. Combien a-t-on payé le mètre ?

350. Un entrepreneur a donné à la fin de la semaine 312 fr. à ses ouvriers, payés chacun à raison de 12 fr. par semaine. Combien a-t-il d'ouvriers ?

351. Un ouvrier payé 2 fr. par jour a reçu en tout 96 fr. Combien de jours a-t-il travaillé ?

352. Un fermier a vendu 3 veaux à 64 fr. l'un. Combien recevra-t-il pour les 3 veaux ?

353. Vingt-cinq voyageurs ont dépensé dans une auberge 75 fr. Quelle a été la dépense de chacun ?

354. Quatorze ouvriers ont creusé ensemble en 15 jours un fossé de 1128 mètres de long. Combien de mètres chacun a-t-il creusés pour sa part ?

355. Combien faut-il répéter de fois 50 pour avoir 9050 ?

356. On a 400 barriques de vin de 250 litres chaque Combien de litres en tout ?

357. Quel est le prix total de 25 bœufs vendus 425 fr. chaque ?

358 Combien doit-on pour 12 kilogrammes de café à 4 fr. le kilogramme ?

359. Combien aura-t-on de mètres de drap à 11 fr. le mètre pour 121 fr. ?

360. Un cultivateur donne 250 fr. par an à chacun de ses domestiques, ce qui fait pour lui une dépense annuelle de 1750 fr. Combien a-t-il de domestiques ?

361. Les enfants d'une école sont partagés en quatre divisions et il y a 15 élèves dans chaque division. Combien d'élèves en tout dans l'école ?

362. Il y a dans une école 96 élèves partagés en 8 divisions. Combien d'élèves par division ?

363. Une locomotive parcourt 30000 mètres environ dans une heure. Combien de mètres par minute et combien par seconde ?

364. La France divisée en 89 départements compte, d'après le recensement fait en 1866, 38067064 habitants. Quelle est la population d'un département en les supposant tous égaux ?

365. La population de Paris est de 1825274 habitants et celle d'Orléans de 49100 habitants. Combien de fois Paris est-il plus peuplé qu'Orléans ?

366. Trente sacs de blé contenant ensemble 375 décalitres ont coûté 1125 fr. Quel est le prix du décalitre ?

367. Cinq ouvriers ont mis 15 jours à faire un ouvrage. Combien un seul ouvrier aurait-il mis de jours à faire le même ouvrage ?

368. Huit ouvriers ont fait ensemble 160 mètres d'ouvrage. Combien un seul ouvrier en a-t-il fait ?

369. Un troupeau de 150 moutons a été acheté 2400 fr. Combien a coûté chaque mouton ?

370. En payant un mouton 12 fr., combien en aura-t-on pour 3600 fr. ?

371. Combien aura-t-on de mètres de drap à 10 fr. le mètre pour 120 fr. ?

372. On a des sacs contenant chacun 15 décalitres. Combien en faudra-t-il pour contenir 1200 décalitres de blé.?

373. On a 8 barriques de vin de 215 litres chacune. Combien de litres en tout ?

3° *Problèmes demandant plusieurs opérations.*
(Voy. n° 214, p. 88.)

374. Combien 36000 minutes font-elles d'heures, et combien font-elles de jours ?

375. Combien 1680000 minutes font-elles de mois, en supposant tous les mois de 30 jours ?

376. Plusieurs ouvriers gagnant chacun 3 fr. par jour ont gagné ensemble 576 fr. en 16 jours. Combien y avait-il d'ouvriers ?

377. 25 sacs de blé contenant chacun 10 décalitres ont été payés ensemble 500 fr. Combien coûtait le décalitre ?

378. Un voyageur restant en chemin de fer 5 heures par jour pendant 17 jours a parcouru en tout 765 lieues. Combien de lieues a-t-il parcourues par heure ?

379. Un marchand a acheté 150 moutons à 11 fr. chaque. Il revend le tout 1950 fr. Combien gagne-t-il sur chaque mouton ?

380. Un maçon a fait 23 mètres d'un mur ; un autre maçon en a fait 3 fois plus long. Ils ont reçu en tout 368 fr. Combien a coûté chaque mètre de mur ?

4° *Problèmes mêlés sur les quatre premières*
opérations.

381. Une personne dépense chaque année pour sa nourriture 1050 fr., pour son loyer 150 fr., pour son habillement 370 fr., pour achat de livres 170 fr., pour menus plaisirs et voyages 85 fr. Quelle est sa dépense de chaque jour ?

382. Une personne devait à une autre 840 fr. Elle lui a fait quatre paiements de 150 fr. chacun. Combien doit-elle encore ?

383. Un marchand a acheté 15 bœufs à 320 fr. chaque et 7 vaches à 180 fr. Combien gagne-t-il sur chaque bœuf et sur chaque vache en revendant les 15 bœufs ensemble 5250 fr. et les 7 vaches 1470 fr. ?

384. Trois ouvriers travaillant pendant 22 jours ont fait chacun 4 mètres d'ouvrage par jour. Combien ont-ils fait d'ouvrage en tout ?

385. Dix barriques de vin de 2 hectolitres chacune ont

coûté, tous frais comptés, 640 fr. A combien revient l'hectolitre ?

386. Combien devra-t-on payer en tout pour 15 tonneaux contenant chacun 5 hectolitres de vin à raison de 20 fr. l'hectolitre ?

387. Un chapelier a acheté 224 chapeaux pour 1344 fr. Il a vendu chaque chapeau 8 fr. Combien a-t-il gagné sur chacun ?

388. Un marchand de blé a payé 3000 fr. pour 100 sacs de blé contenant chacun 15 décalitres. Quel est le prix du décalitre ?

389. Une personne est née en 1814. En quelle année a-t-elle eu 40 ans ? quand aura-t-elle 70 ans ?

390. Sept ouvriers ont travaillé pendant 5 semaines à raison de 3 fr. par jour. Combien leur devra-t-on en tout ?

391. Onze ouvriers travaillant pendant 23 jours ont reçu en tout 1012 fr. Combien chaque ouvrier a-t-il gagné par jour ?

392. On a payé 200 fr. pour 20 sacs de pommes contenant 10 décalitres chacun. A combien revient le décalitre ?

393. Une page imprimée contient 36 lignes et chaque ligne 50 lettres. De combien de pages se composera un livre contenant 400000 lettres ?

394. Dix-huit arbres ont fourni chacun 25 planches vendues à 2 fr. pièce. Quelle somme a-t-on retirée des dix-huit arbres ?

395. Une famille composée de 8 personnes a dépensé pour 15 jours dans un hôtel 600 fr. Quelle a été là dépense de chaque jour par tête ?

396. On a payé 795 fr. pour 15 pièces de vin, y compris 45 fr. de frais de conduite. Quel était le prix de chaque pièce de vin sans les frais de conduite ?

397. Un cahier réglé compte 44 pages et chaque page 20 lignes. Combien de lignes en tout dans trois cahiers semblables ?

398. Un marchand de grains a acheté 500 boisseaux (doubles décalitres) de blé à 5 fr., 350 boisseaux d'avoine à 2 fr., 400 boisseaux d'orge à 3 fr. Il a revendu le tout 4800 fr. Combien a-t-il gagné ?

399. Pour faire 12 rideaux il a fallu 72 mètres de calicot à 1 fr. le mètre. A combien revient chaque rideau, sans compter la façon ?

400. Un vigneron a trois vignes. La première a donné 15 pièces de vin estimées 40 fr. chaque, la deuxième 8 pièces estimées 30 fr., la troisième 25 pièces estimées 35 fr. Combien les trois vignes ensemble ont-elles rapporté ?

401. Deux champs de blé ont produit, le premier 500

doubles décalitres de blé à 5 fr. le double décalitre, le second 750 au même prix; les deux champs ensemble ont coûté à cultiver 4500 fr. Quel est le bénéfice du cultivateur?

402. Une personne devait 20 fr. à l'épicier, 30 fr. au boulanger, 52 fr. au tailleur, 10 fr. au cordonnier, 15 fr. au marchand de drap. Elle a payé les deux premières dettes. Combien doit-elle encore?

403. Un ouvrier a placé à la Caisse d'épargne, une première année, les sommes suivantes : 18 fr., 12 fr., 25 fr., 8 fr., 12 fr., 28 fr., 39 fr , 46 fr., et il a retiré 40 fr.; une deuxième année il a placé régulièrement 20 fr. par mois et a retiré une seule fois 50 fr. Quel est le montant de ses économies des deux années?

404. Un père a laissé trois enfants qui se partagent son héritage, composé ainsi qu'il suit: deux petites propriétés estimées ensemble 2500 fr., une maison estimée 8000 fr., une somme de 6000 fr. en argent, et diverses créances se montant ensemble à 12000 fr. Quelle sera en résumé la part de chacun?

405. Le fleuve des Amazones, en Amérique, a 1250 licues de longueur, et la Seine 175 licues. Combien de fois le fleuve des Amazones est-il plus long que la Seine?

406. Douze pains de sucre ont coûté 180 fr. Combien le marchand doit-il retirer de la vente au détail de chaque pain de sucre pour gagner sur le tout 24 fr.?

407. Un cheval a coûté 350 fr. Combien aura-t-on de chevaux coûtant 50 fr. de plus pour 7600 fr.?

408. Un maquignon a acheté 14 chevaux au prix de 250 fr. chaque, 25 bœufs au prix de 300 fr., 11 vaches au prix de 150 fr. Il a revendu le tout 13500 fr. Combien a-t il gagné?

409. Un épicier a payé cinq barils d'huile 75 fr. chaque. Il en a retiré au détail 425 fr. Combien a-t-il gagné sur chaque baril?

410. Un marchand de grains a acheté 80 hectolitres de blé à 22 fr. l'hectolitre, 50 hectolitres d'avoine à 12 fr. l'hectolitre, et 18 hectolitres d'orge à 15 fr. Il a revendu le blé 24 fr., l'avoine 13 fr. et l'orge 17 fr. Combien a-t-il gagné en tout?

411. Un homme à pied fait 80 mètres de chemin en une minute, un cheval au trot 240 mètres, une locomotive sur un chemin de fer 720 mètres. Combien de fois le cheval va-t-il plus vite que l'homme, et la locomotive plus vite que le cheval?

412. Une vigne a rapporté à son propriétaire, la première année 600 fr., la deuxième année 900 fr., la troisième année 700 fr.; les frais ont été de 400 fr. chaque année. Dites le bénéfice du vigneron chaque année et pour les trois années ensemble.

413. Trente ouvriers ont fait 150 mètres d'ouvrage. Combien un seul ouvrier en a-t-il fait?

414. Un ouvrier a fait 6 mètres d'ouvrage. Combien 25 ouvriers en feront-ils?

415. Quinze mètres d'étoffe ont coûté 45 fr. Combien un seul mètre a-t-il coûté?

416 Un mètre d'étoffe coûte 4 fr. Combien coûtent 17 mètres de la même étoffe?

417. Trois chevaux ont mangé en un certain temps 45 boisseaux d'avoine. Combien un seul cheval en a-t-il mangé?

418. Un cheval a mangé 20 boisseaux d'avoine. Combien 25 chevaux en mangeront-ils dans le même temps?

419. Huit ouvriers ont fait un ouvrage en 25 jours. Combien un seul ouvrier aurait-il mis de jours à faire le même ouvrage?

4:0. Un ouvrier a mis 64 jours à faire un ouvrage. Combien 4 ouvriers auraient-ils mis de jours à faire le même ouvrage?

421. On met 8 jours à faire un ouvrage en y travaillant 3 heures par jour. Combien faudrait-il de jours pour achever l'ouvrage en y travaillant une heure par jour?

422. En travaillant une heure par jour, on met 21 jours à faire un ouvrage. Combien faudrait-il de jours en travaillant 7 heures par jour?

423. Une locomotive parcourt 36000 mètres en une heure. Combien de mètres par minute?

424. Une locomotive parcourt 700 mètres par minute. Combien de mètres en 1 heure 50 minutes?

425. On a eu pour une certaine somme 60 mètres d'étoffe à 12 fr. le mètre. Combien aurait-on eu de mètres à 1 fr.?

426. Le mètre d'étoffe coûtant 3 fr., combien en aura-t-on pour 75 fr.?

427. On a creusé un fossé de 250 mètres de long sur 3 mètres de large. Quelle longueur aurait-on pu creuser si la largeur n'avait été que d'un mètre, la profondeur étant la même dans les deux cas?

428. On a creusé un fossé de 720 mètres de long sur un mètre de large. Quelle longueur aurait-on creusée dans le même temps si la largeur avait été de 4 mètres, la profondeur restant la même?

429. 5 ouvriers ont fait un ouvrage en 23 jours. Combien de jours aurait mis un seul ouvrier?

430. Un ouvrier a fait un ouvrage en 15 jours en y employant 3 heures par jour. Combien de jours aurait-il mis à faire l'ouvrage en y employant seulement une heure par jour?

431. Un ouvrier a mis 25 jours à faire un ouvrage en n'y

travaillant qu'une heure par jour. S'il y avait travaillé 4 heures par jour, combien de jours aurait-il mis à faire l'ouvrage?

432. Six chevaux ont mangé en un certain temps 1800 kilogrammes de foin. Combien un seul cheval en a-t-il mangé ?

433. On a acheté 25 hectolitres de blé à 20 fr. l'hectolitre et 42 hectolitres à 19 fr. Quel est le prix total du blé acheté et combien a-t-on acheté d'hectolitres en tout ?

434. Sept personnes ont acheté en commun pour 630 fr. de drap à 15 fr. le mètre et pour 546 fr. de toile à 3 fr. Combien, le partage fait, y a-t-il eu de mètres de drap et de mètres de toile pour chaque personne ?

435. Un marchand a acheté du drap à 15 fr. le mètre pour une somme totale de 60000 fr. En le revendant il a gagné 1 fr. par mètre. Combien a-t-il gagné en tout ?

436. Trois fossés ayant chacun 145 mètres de longueur ont été creusés par 6 ouvriers payés à raison de 2 fr. le mètre. Combien chaque ouvrier a-t-il reçu pour sa part de travail?

437. Il a fallu 900 dalles pour paver une église. Combien faudrait-il de dalles 2 fois plus petites pour paver une église 3 fois plus grande ?

CHAPITRE VI

**Fractions en général. — Fractions décimales.
— Numération des nombres décimaux.**

215. *Qu'est-ce qu'une fraction?* — On appelle fraction un nombre qui exprime une ou plusieurs parties de l'unité ; par exemple, *un quart d'orange*, c'est-à-dire une partie dune orange partagée en quatre; *deux tiers* de pomme, ou deux parties d'une pomme partagée en trois ; une demi-heure, ou la moitié d'une heure. (Définition déjà donnée au n° 8.)

216. *Comment nomme-t-on les différentes parties de l'unité?* — On nomme en général les différentes parties de l'unité en ajoutant la terminaison *ième* au nombre des parties qui la composent. Par exemple, si l'unité est divisée en *cinq parties*, chaque partie

s'appelle un *cinquième* ; si l'unité est divisée en *six* parties, chaque partie s'appelle un *sixième* ; si elle est divisée en *sept*, chaque partie s'appelle un *septième*, et ainsi de suite. — Il y a seulement exception lorsque l'unité est divisée en deux, trois ou quatre parties : on a alors des *demis*, des *tiers* ou des *quarts*.

217. *Combien de sortes de fractions ?* — Il y a deux sortes de fractions : les *fractions décimales* et les *fractions ordinaires*.

218. *Qu'est-ce qu'une fraction décimale?* — Une fraction décimale est une fraction qui exprime des parties de dix en dix fois plus petites que l'unité ; par exemple, des *dixièmes*, des *centièmes*, des *millièmes*, des *dix-millièmes* et ainsi de suite.

219. *Qu'est-ce qu'une fraction ordinaire?* — Une fraction ordinaire exprime des parties quelconques de l'unité, par exemple, des *quarts*, des *onzièmes*, des *vingtièmes*, etc.

220. *Qu'est-ce que les nombres décimaux ?* — On appelle *nombres décimaux* les nombres composés d'entiers et de fractions décimales, ou de fractions décimales seules. Par exemple, trois entiers huit dixièmes, cinquante-huit centièmes.

NUMÉRATION DES NOMBRES DÉCIMAUX.

221. PRINCIPES DE LA NUMÉRATION DES NOMBRES DÉCIMAUX. — La numération parlée des nombres décimaux a le même principe fondamental que la numération parlée des nombres entiers, c'est-à-dire que les unités décimales, dixièmes, centièmes, millièmes, etc., sont de dix en dix fois plus petites, comme celles qui composent les nombres entiers. — Le principe de la numération écrite des nombres décimaux est aussi le même que celui de la numération écrite des nombres entiers, c'est-à-dire que dans les nombres décimaux comme dans les nombres entiers, tout chiffre placé à la gauche d'un autre exprime des unités dix fois plus grandes que celles qui sont exprimées par cet autre chiffre.

Écriture et lecture des nombres décimaux.

222. 1re RÈGLE, POUR ÉCRIRE UN NOMBRE DÉCIMAL. — On écrit d'abord les entiers ; s'il n'y en a pas, on les remplace par un zéro. Puis, on met une virgule, et à droite on écrit le nombre des unités décimales comme si c'était un nombre entier, en mettant au besoin des zéros entre ce nombre et la virgule de manière que le dernier chiffre à droite occupe la place qui convient à l'espèce d'unité qu'on veut écrire.

223. *Combien faut-il de chiffres à droite de la virgule pour écrire des dixièmes, des centièmes, des millièmes, etc.* — Pour écrire des dixièmes, il faut un seul chiffre à droite de la virgule ; pour écrire des centièmes il en faut deux, pour écrire des millièmes il en faut trois; et ainsi de suite. En général il faut, à droite de la virgule, autant de chiffres qu'il y a de zéros dans le nombre des parties qui composent l'unité entière : ainsi il faut un chiffre pour écrire des dixièmes, parce qu'il y a un zéro dans le nombre 10 ; de même il faut deux chiffres pour écrire des centièmes, parce qu'il y a deux zéros dans le nombre 100 ; etc.

NOTA. Dans la pratique ordinaire, on n'a guère à écrire que des dixièmes, des centièmes et des millièmes.

224. *Exemples de nombres décimaux à écrire.* —
1er Ex. — Trois *unités* sept *dixièmes* s'écrit : 3,7.
2e Ex. — Sept *dixièmes* : 0,7.
3e Ex. — Douze *unités* huit *centièmes* : 12,08.
4e Ex. — 25 unités 307 millièmes : 25,307.
5e Ex. — 9 millièmes : 0,009.
6e Ex. — 10 unités 403 dix-millièmes : 10,0403.
7e Ex. — 4 unités 19 cent-millièmes : 4,00019.
8e Ex. — 36 unités 4003 millionièmes : 36,004003.
9e Ex. — 40027 cent-millionièmes : 0,00040027.

225. *Remarque sur les cent-millièmes, les cent-millionièmes, etc.* — Il ne faut pas confondre les cent-millièmes avec les centaines de millièmes. Par exemple, trois cents *millièmes* et trois *cent-millièmes* ne sont pas le même nombre : trois cents *millièmes* s'écrivent 0,300, et trois *cent-millièmes* 0,00003. Même observation sur les cent-millionièmes et les centaines de millionièmes, etc.

226. *Qu'appelle-t-on décimales ou chiffres décimaux ?* — On appelle *décimales* ou *chiffres décimaux* la partie d'un nombre décimal placée à droite de la virgule. Par exemple, dans les nombres 3,7 et 25,307, les décimales ou les chiffres décimaux sont 7 dixièmes et 307 millièmes.

227. 2ᵉ RÈGLE, POUR LIRE UN NOMBRE DÉCIMAL. — On lit d'abord les entiers, placés à gauche de la virgule, puis on lit les décimales comme si c'était un nombre entier, sans faire attention aux zéros qui les précèdent, et on nomme à la fin l'espèce d'unité représentée par le dernier chiffre.

228. *Exemples de nombres décimaux à lire.* —
1ᵉʳ Ex. — 9,4 se lit : 9 unités 4 dixièmes.
2ᵉ Ex. — 7,06 se lit : 7 unités 6 centièmes.
3ᵉ Ex. — 0,009 se lit : 0 unité 9 millièmes ou simplement 9 millièmes.
4ᵉ Ex. — 115,0408 se lit : 115 unités 408 dix-millièmes.
5ᵉ Ex. — 16,00107 se lit : 16 unités 107 cent-millièmes.
6ᵉ Ex. — 0,025004 se lit : 25004 millionièmes.

229. *Zéro à la droite d'un nombre décimal change-t-il la valeur du nombre ?* — Zéro placé à la droite d'un nombre décimal n'en change pas la valeur. Par exemple, 3,70 est la même chose que 3,7.

D'après cela, on peut, en général, pour simplifier les calculs, supprimer les zéros à droite des nombres décimaux, par exemple écrire 3,7 au lieu de 3,70.

230. *Pourquoi zéro à droite d'un nombre décimal n'en change-t-il pas la valeur ?* — Parce qu'il ne change pas la place des chiffres par rapport à la virgule : ces chiffres continuent donc à exprimer les mêmes espèces d'unités. Par exemple, dans le nombre 3,70, le 3 exprime des unités et le 7 des dixièmes comme dans 3,7. — Il est d'ailleurs évident que 70 centièmes est la même chose que 7 dixièmes, parce que 70, nombre dix fois plus grand que 7, exprime des unités dix fois plus petites, de sorte qu'il y a compensation.

231. *Peut-on négliger quelquefois des chiffres décimaux autres que zéro à droite d'un nombre décimal?*
— Oui. Car, en négligeant des chiffres décimaux à
droite d'un nombre décimal, on commet une erreur
plus petite qu'une unité de l'espèce à laquelle on s'arrête. Par exemple, si dans le nombre 4786 on néglige le
dernier chiffre 6 et qu'on s'arrête au chiffre 8 des centièmes, en écrivant simplement 4,78, l'erreur est plus
petite qu'un centième. Si donc on juge, d'après cela,
qu'en s'arrêtant à un chiffre décimal, l'erreur com-
mise, vu la nature de la question, est très-peu im-
portante, on peut négliger les autres chiffres à droite.
C'est ainsi que lorsqu'il s'agit d'une somme d'argent
on néglige les chiffres au-dessous des centièmes de
franc ou centimes : 4 fr. 786, par exemple, se lira
simplement 4 francs 78 centimes, en négligeant les
6 millièmes de franc ou 6 dixièmes de centime.

232. *Qu'est-ce qu'un nombre approché à 0,1, à 0,01,
à 0,001 près?* — C'est un nombre décimal qui s'arrête au chiffre des dixièmes, des centièmes ou des
millièmes. Ce nombre diffère du nombre exact de
moins d'un dixième, d'un centième ou d'un millième.

233. *Ne force-t-on pas quelquefois le chiffre décimal auquel on s'arrête?* — Lorsque le premier chiffre négligé à droite de celui auquel on s'arrête dans
un nombre décimal est supérieur à 5 (c'est-à-dire
s'il est 6, 7, 8, 9 ou s'il est 5 suivi d'autres chiffres),
on commet une erreur moindre en augmentant
d'une unité le dernier chiffre conservé, et c'est ce
qui s'appelle *forcer* ce chiffre. Par exemple, au lieu
de 4,786 (ex. du n° 231 ci-dessus), on pourra écrire
4,79 mieux que 4,78. Cependant il est assez rare
que dans la pratique ordinaire on ait à forcer ainsi
aucun chiffre. Un marchand, par exemple, en éta-
blissant ses comptes, ne pourra forcer aucun chiffre
dans les sommes qui lui sont dues, et il se gardera
également de forcer un chiffre dans les sommes qu'il
doit.

Applications de la numération.

234. 3ᶜ Règle, pour rendre un nombre entier 10 fois, 100 fois, 1000 fois... plus petit.—Pour rendre un nombre entier 10 fois plus petit, on sépare un chiffre sur la droite par une virgule; pour le rendre 100 fois plus petit, on sépare deux chiffres; pour le rendre 1000 fois plus petit, on sépare trois chiffres. En général on sépare autant de chiffres qu'il y a de zéros après 1 dans les nombres 10, 100, 1000, 10000, etc. Si les chiffres du nombre proposé ne suffisent pas, on met un ou plusieurs zéros à la gauche.

235. *Exemple.* — Soit le nombre 478 à rendre 10 fois, 100 fois, 1000 fois, 10000 fois plus petit.

En le rendant 10 fois plus petit, il devient 47,8.

—	100	—	4,78.
—	1000	—	0,478.
—	10000	—	0,0478.

236. *Pourquoi, en séparant des chiffres par une virgule sur la droite d'un nombre entier, ce nombre est-il rendu* 10 *fois,* 100 *fois,* 1000 *fois plus petit ?* — Parce que le nombre entier devenant un nombre décimal, la valeur des chiffres dépend de leur place par rapport à la virgule. Par exemple, le chiffre qui exprimait des unités peut exprimer maintenant des dixièmes, des centièmes, ou des millièmes, etc.

237. Nota. On doit se rappeler ici la règle, n° 88, p. 21, pour rendre un nombre entier 10 fois, 100 fois, 1000 fois... plus grand, d'après laquelle on ajoute pour cela à sa droite un, deux, trois... zéros.—On doit se rappeler également la 9ᵉ règle de la division, n° 203, p. 84, par laquelle un nombre entier terminé par des zéros est rendu 10 fois, 100 fois, 1000 fois... plus petit en effaçant un, deux, trois... zéros.

238. 4ᵉ Règle, pour rendre un nombre décimal 10 fois, 100 fois, 1000 fois... plus petit ou plus grand. — On recule la virgule vers la gauche du nombre pour le rendre plus petit, et on l'avance vers la droite pour le rendre plus grand, d'un rang, de deux rangs, de trois rangs, et en général d'autant de rangs qu'il y a de zéros après le chiffre 1, dans 10, 100, 1000, etc. Si les chiffres du nombre ne suffisent pas à gauche ou à droite, on ajoute un ou plusieurs zéros. Si la virgule doit se placer après le dernier chiffre à droite, on la supprime.

239. *Exemples.* — 1ᵉʳ Ex. — Soit le nombre 24,75.

Pour le rendre　10　fois plus petit, on écrit　2,475.
— 　　　　100　　　　 — 　　　　0,2475.
— 　　　　1000　　　 — 　　　　0,02475.
— 　　　　10000　　 — 　　　　0,002475.
Pour le rendre　10　fois plus grand, on écrit　　247,5.
— 　　　　100　　　　 — 　　　　2475.
— 　　　　1000　　　 — 　　　　24750.
— 　　　　10000　　 — 　　　　247500.

2ᵉ Ex. — Soit le nombre 0,00247.

On le rend 10 fois plus petit en écrivant 0,000247.
— 　　　100　　　 — 　　　0,0000247.
On le rend 10 fois plus grand en écrivant 0,0247.
— 　　　100　　　 — 　　　0,247.
— 　　　1000　　 — 　　　2,47.

240. *Pourquoi, pour rendre un nombre décimal 10 fois, 100 fois, 1000 fois plus petit ou plus grand, suffit-il de déplacer la virgule ?* — Parce que la valeur des chiffres dépend de leur place par rapport à la virgule : si la virgule est déplacée, le même chiffre n'exprime plus la même espèce d'unité qu'auparavant.

Exercices sur la numération des nombres décimaux.

I. Nombres a écrire

(Voy. 1ʳᵉ règle et exemples, Nᵒˢ 222 à 225, p. 99.)

1° D'après les cinq premiers exemples, nᵒ 224, p. 99.

438. 3 unités 4 dixièmes; 3 unités 4 centièmes; 3 unités 4 millièmes.

439. 8 unités 45 centièmes; 8 unités 9 centièmes; 3 unités 4 millièmes.

440. 8 centièmes; 15 centièmes; 775 millièmes.

441. 15 unités 7 millièmes; 4 unités 35 millièmes; 7 unités 803 millièmes.

442. 445 millièmes; 11 millièmes; 6 millièmes.

443. Cinq cents unités trois dixièmes; cinquante mille unités quarante centièmes; cinq cents unités trois cent cinq millièmes.

444. Deux cent trois unités quinze millièmes ; mille cinq unités deux centièmes ; cinq cents unités deux cents millièmes.

445. Deux millièmes ; cinquante-trois millièmes ; deux cent vingt millièmes.

2° *D'après les quatre derniers exemples.*

446. 2 dix-millièmes ; 8 cent-millièmes ; 200 cent-millièmes.

447. 5 unités 6035 dix-millièmes ; 11 unités 30 dix-millièmes ; 430 unités 5032 cent-millièmes.

448. 99 dix-millièmes ; 367 cent-millièmes ; 400 cent-millièmes.

449. 3 unités 2003 cent-millièmes ; 2 unités 40013 cent-millièmes ; 5 unités 213 millionièmes.

450. 4 millionièmes ; 2004 cent-millièmes ; 6003 dix-millièmes.

451. 2 unités 15 millionièmes ; 8 unités 25015 dix-millionièmes ; 13 unités 4014 cent-millionièmes.

452. Mille treize dix-millièmes ; cinquante-trois cent-millièmes ; treize mille cent millièmes.

453. Trois cent-millièmes ; cinq cents millièmes ; quatre cent- millièmes.

454. Mille quinze unités mille treize cent-millièmes ; trois unités quatre millionièmes ; mille unités mille quatre dix-millièmes.

455. Cinquante mille millionièmes ; mille trois cent-millièmes ; quarante-deux cent-millionièmes.

II. Nombres a lire.

(Voy. 2ᵉ règle, nᵒˢ 227, 228, p. 100, et nᵒ 225, p. 99.)

1° *D'après les trois premiers exemples*, nᵒ 228, p. 100.

456. 215,7 ; 41,08 ; 17,004 ; 0,4 ; 0,25 ; 0,025.

457. 100,08 ; 0,009 ; 1,108 ; 0,428 ; 256,4 ; 107,400.

2° *D'après les trois derniers exemples.*

458. 2,1009 ; 41,1400 ; 5,00004 ; 2,2104 ; 12,29004 ; 54,0054.

459. 2,02561 ; 14,000256 ; 0,003511 ; 0,00041 ; 8,90042 ; 1,0025634.

Nota. — On pourra en outre faire lire aux élèves les nombres des exercices sur les quatre opérations, au chapitre suivant.

III. Applications de la numération.

(Voy la 3e et la 4e règle, p. 102.)

460. Rendre les nombres entiers suivants dix fois, puis cent fois plus petits :

25747; 8476; 5000; 474; 45; 4 (3ᵉ règle).

461. Rendre les mêmes nombres mille fois plus petits.

462. Rendre les nombres des exercices 457 et 458 dix fois plus grands, puis cent fois plus grands (4ᵉ règle).

463. Rendre les mêmes nombres mille fois puis dix mille fois plus grands.

464. Rendre les nombres des exercices 456 et 457 dix fois, puis cent fois plus petits.

465. Rendre les mêmes nombres mille fois, puis dix mille fois plus petits.

466. Les rendre mille fois, puis dix mille fois plus grands.

IV. Autres exercices sur la numération.

467. Quelle différence entre 3,5 et 3,50? Entre 8,500 et 8,5? (Voy. nᵒ 229, p. 100.)

468. Rendre les nombres suivants approchés à 0,01 près seulement (Voy. nᵒˢ 231, 232, p. 100):

4,513; 4,572; 4,819; 4,589; 4,288; 4,259.

469. Rendre les mêmes nombres approchés à 0,1 près.

470. Au lieu de 4,513 est-il plus exact d'écrire, en simplifiant, 4,51 ou 4,52? (Voy. nᵒ 233, p. 101.)

471. Au lieu de 4,572 est-il plus exact d'écrire 4,5 ou 4,6 ?

472.	— 4,819	—	4,81 ou 4,82?
473.	— 4,819	—	4,8 ou 4,9 ?
474.	— 4,259	—	4,2 ou 4,3 ?
475.	— 4,819	—	4 ou 5 ?

CHAPITRE VII

Calcul des nombres décimaux.

I. Addition.

241. Règle. — On écrit les nombres à additionner, de manière que les unités de même espèce soient les unes sous les autres; puis, on additionne comme s'il n'y avait pas de virgules, et on place une virgule au

résultat sous les virgules des nombres additionnés.

242. *Exemple.* — Additionner 4,15 + 12,237 + 0,4 + 8045,0018 + 98,749.

Opération.

```
        4,15
       12,237
        0,4
     8045,0018
       98,749
     ─────────
Somme 8160,5378
```

Explication. — Les unités de même espèce étant placées les unes sous les autres, selon la règle, et les virgules étant d'après cela sur une même colonne, je dis : 8 est 8, je pose 8. 7 et 1 font 8, et 9 font 17, je pose 7 et retiens 1. 1 et 1 font 2 et 2 font 4, et 4 font 8, et 7 font 15, je pose 5 et retiens 1. — Arrivé à la colonne des virgules, je pose une virgule. — Puis, sans faire attention aux virgules, je continue : 1 de retenue et 4 font 5, et 2 font 7, et 5 font 12, et 8 font 20, je pose 0 et retiens 2, et ainsi de suite comme à l'ordinaire. La somme est 8160 unités 5378 dix-millièmes.

243. *Raison de la règle de l'addition des nombres décimaux.* — L'addition des nombres décimaux se fait comme celle des nombres entiers, sauf à écrire une virgule au résultat, parce que, dans les nombres décimaux comme dans les nombres entiers, les différentes espèces d'unités sont de dix en dix fois plus grandes à partir de la droite.

II. SOUSTRACTION.

244. RÈGLE. — On écrit les deux nombres, le plus petit sous le plus grand, de manière que les unités de même espèce soient les unes sous les autres; puis on ajoute, s'il y a lieu, des zéros, au moins par la pensée, à la droite du nombre qui a moins de chiffres décimaux que l'autre. On fait ensuite la soustraction comme s'il n'y avait pas de virgule, et on place une virgule au résultat, comme dans l'addition, au rang des autres virgules.

245. *Exemples.* — 1er Ex. — De 56,37 soustraire 2,64.

```
Opération.  56,37
             2,64
            ──────
Reste       53,73
```

Explication. — Les nombres étant convenablement placés comme dans l'addition, je dis : 4 de 7 reste 3, 6 de 13 reste 7 et je retiens 1, — je pose une virgule, — 1 de retenue et 2 font 3, 3 de 6 reste 3, 0 de 5 reste 5. Résultat : 53 unités 73 centièmes.

2ᵉ **Ex.** — Soustraire 0,39 de 10,071.

Opération   10,071   ou   10,071   *Explication*. — Les
            0,39   0,390   nombres étant placés, avec
            ─────   ─────   ou sans zéro à droite de
Reste   9,681   9,681   0,39, je dis : 0 de 1 reste
1, 9 de 17 reste 8 et je retiens 1, 4 de 10 reste 6 et je
retiens 1, — virgule, — 1 de retenue ôté de 10 reste 9.

3ᵉ **Ex.** — Soustraire 0,4204 de 0,47.

Opération. 0,47   ou   0,4700   *Explication*. — Les
            0,4204   0,4204   nombres étant placés avec
            ─────   ─────   ou sans zéros à droite de
Reste   0,0496   0,0496   0,47, je dis : 4 de 10 reste
6, 1 de 10 reste 9, 3 de 7 reste 4, 4 de 4 reste 0, — virgule,
— 0 de 0 reste 0.

246. *Raison de la règle de la soustraction des
nombres décimaux.* — D'abord, même raison que
pour l'addition. En outre, dans certains cas
(2ᵉ et 3ᵉ exemples) la règle prescrit d'ajouter des zéros
à la droite d'un des nombres, ou d'opérer comme si
ces zéros étaient ajoutés, parce que, d'après un principe précédent (nᵒ 229, p. 100), le nombre auquel on
ajoute ainsi des zéros ne change pas de valeur.

III. MULTIPLICATION.

247. *Qu'est-ce que multiplier par une fraction ?* —
Multiplier un nombre par une fraction c'est prendre
une ou plusieurs parties de ce nombre indiquées par
la fraction. Par exemple, multiplier 20 par 0,4, c'est
prendre les 4 dixièmes de 20, c'est-à-dire 4 fois la
dixième partie de 20.

248. 1ʳᵉ **Règle.** — Règle générale pour la multiplication de deux nombres décimaux. — On place les
deux facteurs l'un sous l'autre comme si c'étaient
des nombres entiers, puis on multiplie sans faire attention aux virgules, ni aux zéros qui peuvent être à
gauche du multiplicande ou du multiplicateur. En
finissant on sépare sur la droite du produit autant de
chiffres décimaux qu'il y en a en tout dans les deux
facteurs ; si le produit n'a pas assez de chiffres pour
cela, on ajoute des zéros à gauche.

249. *Exemples*. —

1er EXEMPLE   54,37   *Explication*.—On sépare trois
              $\times$ 32,9   chiffres décimaux sur la droite
              ———   du produit, parce qu'il y en a
              48933   deux au multiplicande et un au
              10874   multiplicateur, ce qui fait en
              16311   tout trois. Le produit est 1788
              ———   unités 773 millièmes.
Produit   1788,773

2e EXEMPLE.   0,0015   *Explication*. — On sépare au
              $\times$ 74   produit quatre chiffres décimaux
              ———   parce qu'il y en a quatre au multi-
              60   plicande et aucun au multiplica-
              105   teur. La multiplication n'ayant
              ———   donné en tout que quatre chiffres
Produit   0,1110   au produit, on met 0 à gauche pour
représenter les entiers. Le produit est donc 0 unité 1110
dix-millièmes.

NOTA. — Le produit peut se lire, d'après l'observation
du n° 229 (p. 100), en supprimant le 0 à droite, 0 unité
111 millièmes.

3e EXEMPLE. — Multiplier 0,0003 par 21,015.

         21,015   ou   0,0003
       $\times$ 0,0003 $\times$ 21,015
       ————   ————
Produit 0,0063045   15
                                         03
                                        030
                                         6
                                        ————
                                 Produit 0,0063045

Explication. — On doit séparer au produit sept chiffres
décimaux parce qu'il y en a sept en tout dans les deux facteurs. Les chiffres obtenus en multipliant (cinq seulement)
ne suffisant pas, on ajoute à gauche plusieurs zéros dont le
premier, suivi d'une virgule, représentera les entiers. —
Dans la seconde opération nous avons, par exception à la
règle, ajouté des zéros à gauche de plusieurs produits partiels
pour faciliter le placement de certains chiffres au rang convenable. D'ailleurs, la disposition de la première opération
est préférable à celle de la seconde. Nous rappelons qu'en
général il est avantageux, d'après le n° 159, de mettre pour
multiplicateur le nombre qui a le moins de chiffres significatifs.

4ᵉ EXEMPLE. — Multiplier 0,024500 par 0,082.

$$
\begin{array}{ccc}
0,024500 & \text{ou} & 0,0245 \\
\times\ 0,082 & & \times\ 0,082 \\
\hline
49000 & & 490 \\
196000 & & 1960 \\
\hline
\end{array}
$$

Produit 0,002009000 ou 0,0020090

Explication. — D'après le n⁰ 229 (p. 100), dans la seconde opération, les zéros à droite de l'un des facteurs ont été supprimés avant la multiplication. Le produit pourra se lire, en supprimant les zéros à droite : 0 unité 002009 millionièmes.

250. Raison de la règle de la multiplication des nombres décimaux. — On sépare au produit un certain nombre de chiffres décimaux, parce qu'en multipliant comme s'il n'y avait pas de virgule, on multiplie des nombres 10 fois, 100 fois, 1000 fois... trop grands. Le produit étant donc trop grand, on le diminue convenablement en séparant sur sa droite autant de chiffres décimaux qu'il y en a dans les deux facteurs ensemble.

251. *Explication.* — Voyez le 1ᵉʳ exemple, p. 108, multiplication de 54,37 par 32,9. En multipliant le multiplicande 54,37 comme s'il n'avait pas de virgule, on multiplie un nombre 100 fois trop grand; on aura donc pour cela un produit 100 fois trop grand. En multipliant par le multiplicateur 32,9 comme s'il n'avait pas de virgule, on multiplie par un nombre 10 fois trop grand; on aura donc pour cela un produit 10 fois trop grand. Ainsi le produit sera d'un côté 100 fois trop grand, et de l'autre 10 fois trop grand. Il faudra donc le rendre 100 fois plus petit, puis encore 10 fois plus petit. C'est ce qui se fait, d'après une règle précédente (n⁰ 234, p. 102), en séparant sur la droite d'abord deux chiffres décimaux, puis un autre, en tout trois. — On raisonnerait de même sur les autres exemples.

252. *Le produit d'un nombre par une fraction décimale est-il plus grand ou plus petit que ce nombre ?* — Le produit d'un nombre par une fraction décimale est toujours plus petit que ce nombre. Par exemple,

$$
\begin{array}{r}
\text{en multipliant}\ \ 20 \\
\text{par}\ \ 0,4 \\
\hline
\text{on a}\ \ 8,0\ \text{ou 8 unités}
\end{array}
$$

produit plus petit que 20.

Explication. — Multiplier 20 par 0,1 revient, d'après la définition du n° 247, p. 107, à prendre la dixième partie de 20, qui est 2. Si l'on prenait cette dixième partie 10 fois, on aurait de nouveau 20; mais en la prenant 4 fois seulement on doit avoir moins de 20.

253. 2° Règle. — Multiplication d'un nombre décimal par 10, par 100, par 1000... — On multiplie un nombre par 10, par 100, par 1000... en avançant la virgule vers la droite de manière à le rendre 10 fois, 100 fois, 1000 fois... plus grand, d'après la 4° règle, n° 238, p. 102.

Par exemple, pour multiplier 24,75 par 10, on écrit 247,5. — Voyez les exemples suivants du n° 239, p. 103.

254. Usage particulier de la multiplication des nombres décimaux. — Outre les usages ordinaires de la multiplication, la multiplication des nombres décimaux sert à trouver un certain nombre de fois le dixième, le centième, le millième d'un nombre.

Par exemple, pour avoir les 4 dixièmes de 20, on multiplie 20 par 0,4 (Voyez l'ex. du n° 252). On trouve au produit 8.

IV. DIVISION.

Division de deux nombres entiers avec décimales au quotient.

255. 1re Règle. — Division d'un nombre entier par un nombre entier plus petit, avec décimales au quotient. — Lorsque la division d'un nombre entier donne un reste, on peut avoir un quotient plus approché. Pour cela, on met une virgule au quotient, puis on ajoute un zéro à droite du reste et on divise comme à l'ordinaire; on a ainsi au quotient un chiffre représentant des dixièmes. S'il y a encore un reste, on ajoute de nouveau un zéro, et en divisant on a au quotient un chiffre représentant des centièmes. On continue ainsi en ajoutant un zéro à chaque reste pour avoir d'autres chiffres décimaux. On s'arrête aux dixièmes, aux centièmes ou aux millièmes, etc., suivant l'exactitude dont on a besoin : on dit alors que le quotient est approché à un dixième, à un centième ou à un millième près (n° 232, p. 101). Il arrive très-

souvent qu'en continuant l'opération indéfiniment on aurait toujours un reste. D'autres fois on finit par obtenir 0 pour reste ; dans ce cas seulement, le quotient est exact.

256. *Exemples.* — 1ᵉʳ EXEMPLE.

```
1708 | 32              ou   1708 | 32              Preuve.
 160 |                        108 |                 53,375
 ——— | 53,375                 120 | 53,375              32
 108 |                        240 |                 ————————
  96 |                        160 |                 106750
 ——— |                          0 |                 160125
 120 |                                              ————————
  96 |                                              1708,000
 ——— |
 240 |
 224 |
 ——— |
 160 |
 160 |
 ——— |
   0 |
```

Explication. — Ayant obtenu 53 au quotient, j'ai pour reste 12 ; le quotient 53 n'est donc pas exact. Pour avoir un quotient plus approché, je mets une virgule au quotient, j'ajoute un zéro à droite du reste 12 et je continue la division ; j'ai ainsi 4 dixièmes au quotient, avec un nouveau reste, 24. Voulant avoir des centièmes, j'ajoute un zéro à droite du reste 24 et je divise; j'ai au quotient 3 centièmes. Je continue en ajoutant un zéro à droite du nouveau reste 16, et j'obtiens au quotient 7 millièmes. Il reste 0. Le quotient est donc exactement 53,375.

Remarque sur la preuve. — Les trois zéros que l'on voit au produit de la preuve à droite de 1708 sont ceux qu'on a ajoutés aux différents restes pour avoir les chiffres décimaux du quotient.

2ᵉ EXEMPLE.

```
17 | 3              ou   17 | 3               Preuve.
15 |                      20 |                   5,66
—— | 5,66                  2 | 5,66                 3
20 |                                            ————————
18 |                                            16,98
—— |                                              + 2
20 |                                            ————————
                                                17,00
```

Remarque sur cet exemple. — En poursuivant la division, le reste serait toujours 2 et l'on aurait toujours 6 au quotient. Si l'on s'arrête aux centièmes, le quotient, approché alors à un centième près, sera 5,66. Ce quotient est un peu trop faible ; 5,67 serait un peu trop fort. (Voy. nos 231, 233, p. 101.)

257. Raison de la 1re règle de la division (division de deux nombres entiers avec décimales au quotient, n° 255, p. 110). — En ajoutant des zéros à la droite du reste quand le dividende est épuisé, on a un dividende partiel représentant des dixièmes ; c'est pourquoi on obtient au quotient des dixièmes, qu'on sépare des entiers par une virgule. En ajoutant un zéro à la droite du nouveau reste, on a un dividende partiel représentant des centièmes : ce dividende donne au quotient des centièmes, et ainsi de suite.

258. *Explication.* — Voyez le 1er ex. du n° 256, p. 111. En ajoutant un zéro à la droite du reste 12, ce reste devient 10 fois plus grand (120 au lieu de 12), mais si l'on suppose qu'il représente des dixièmes au lieu d'unités, il n'aura pas changé de valeur. Or, en divisant 120 dixièmes on doit avoir au quotient des dixièmes ; c'est pourquoi le chiffre 3 obtenu en divisant 120 est écrit au rang des dixièmes. — Le reste suivant 24 est un nombre de dixièmes. En y ajoutant un zéro, il devient 240 centièmes. Or, en divisant 240 centièmes on a 7 centièmes au quotient. — Enfin le reste 16 qui exprime des centièmes devient 160 millièmes et donne au quotient 5 millièmes.

259. 2e Règle. — Division d'un nombre entier par un nombre entier plus grand. — Pour diviser un nombre entier par un nombre entier plus grand, on met d'abord 0 au quotient pour représenter les entiers et on pose à la suite une virgule, puis on ajoute un zéro à droite du dividende et on divise. Si le dividende ainsi augmenté ne contient pas encore le diviseur, on pose de nouveau 0 au quotient, à droite de la virgule : ce 0 représente les dixièmes. On ajoute de nouveau, s'il en est besoin, un ou plusieurs zéros au dividende, posant chaque fois 0 au quotient, jusqu'à ce que le dividende contienne le diviseur. On divise alors comme à l'ordinaire, et s'il y a un reste, on poursuit l'opération d'après la règle précédente, p. 110.

260. *Exemples.* — 1ᵉʳ EXEMPLE. – Diviser 8 par 25.

Opération.

```
80 | 25          ou    80 | 25
75 |_______            50 |_______
  _| 0,32               0 | 0,32
50
50
 _
 0
```

Explication. — Le dividende 8 ne contenant pas le diviseur 35, je pose 0 au quotient, puis une virgule. J'ajoute ensuite 0 à droite du dividende, ce qui fait 80. Le nouveau dividende 80 contenant le diviseur, je fais la division comme à l'ordinaire, cherchant les décimales d'après la 1 ᵉ règle ci-dessus. Le quotient est 0,32.

2ᵉ EXEMPLE. — Diviser 24 par 4571.

Opération.

```
24000 | 4571       ou    24000 | 4571
22855 |________          11450 |________
    _ | 0,0052            2308 | 0,0052
11450
 9142
 ____
 2308
```

Explication. — 24 ne contient pas 4571, je mets 0 au quotient, puis une virgule. J'ajoute ensuite 0 à droite de 24 ; 240 ne contenant pas encore le diviseur, je mets de nouveau 0 au quotient. J'ajoute un second zéro à droite du dividende; 2400 ne contenant pas encore le diviseur, je mets de nouveau 0 au quotient. J'ajoute un troisième 0 au dividende ; 24000 contient le diviseur 5 fois, j'écris 5 au quotient et je continue ensuite l'opération d'après la 1ʳᵉ règle. Le quotient est 0,0052, à un dix-millième près.

261. RAISON DE LA 2ᵉ RÈGLE (division d'un nombre entier par un nombre entier plus grand, n° 259, p. 112).—En ajoutant un ou plusieurs zéros à la droite du dividende, on le change en un nombre de dixièmes, de centièmes ou de millièmes, etc. Il donne donc au quotient pour premier chiffre décimal significatif un nombre de dixièmes, de centièmes ou de millièmes, etc. En ajoutant 0 à droite de chaque reste, on obtient ensuite des unites plus petites encore comme dans le cas de la 1ʳᵉ règle.

262. *Explication.* — Prenons le 1ᵉʳ ex., n° 260, ci-dessus.

Le dividende 8 ne contenant pas le diviseur 25, il est éviden
qu'il ne peut pas y avoir d'entier au quotient ; nous posons
donc au quotient 0 suivi d'une virgule. En ajoutant ensuite
un 0 à la droite du dividende 8. nous avons 80 dixièmes au
dividende, ce qui donne 3 dixièmes au quotient. Le reste 5
représente des dixièmes; en ajoutant 0 à sa droite, il devient
50 centièmes, ce qui donne 2 centièmes au quotient.

Division de deux nombres quelconques.

263. 3e RÈGLE. — DIVISION DE DEUX NOMBRES DONT
UN AU MOINS EST UN NOMBRE DÉCIMAL. — On fait d'a-
bord en sorte que le dividende et le diviseur àient
autant de chiffres décimaux l'un que l'autre : pour
cela on ajoute un ou plusieurs zéros à droite de celui
des deux nombres qui en aurait le moins. Puis on
supprime les deux virgules et on divise comme dans
le cas des nombres entiers, d'après la 1re ou la 2e règle
ci-dessus (p. 110 ou 112).

264. *Exemples.* — 1er Ex. — Diviser 78,04 par 1,25 à
dixième près.

Opération.			Preuve.

```
7804 | 125   ou   7804 | 125        62,4
 750 |                304 |           1,25
 ─── | 62,4           540 | 62,4      ────
 304 |                 40             3120
 250 |                                1248
 ─── |                                 624
 540 |                                  40
 500 |                                ──────
 ─── |                                78,040
  40 |
```

Explication. — Le dividende et le diviseur ayant le même
nombre de chiffres décimaux (chacun deux), il n'y a pas lieu
d'ajouter des zéros à droite de l'un ou de l'autre. J'efface
donc immédiatement les virgules et j'ai à diviser 7804 par 125
(nombres entiers) d'après la 1re règle ci-dessus, n° 255,
p. 110. Le quotient est 62,4, et il y a un reste. On trouve à
la preuve 78,040, ce qui est la même chose que 78,04.

2e Ex. — Diviser 54,37 par 2,4 à 1 centième près.

```
Opération.   5437 | 240        (Reste 100).
                  |
                  | 22,65
```

Explication — Le dividende 54,37 ayant deux chiffres décimaux et le diviseur n'en ayant qu'un, j'ajoute un zéro à droite du diviseur pour qu'il ait deux chiffres décimaux comme le dividende, puis j'efface les deux virgules et je divise 5437 par 240 (nombres entiers). Le quotient est 22,65, à 1 centième près, c'est-à-dire (n° 232, p. 101) en s'arrêtant aux centièmes.

3e Ex. — Diviser 1,5 par 42,122, à 1 millième près.

Opération.

$$
\begin{array}{r|l}
150000 & 42122 \\
126366 & \\\hline
       & 0,035 \\
236340 & \\
210610 & \\\hline
25730 &
\end{array}
\quad\text{ou}\quad
\begin{array}{r|l}
150000 & 42122 \\
236340 & \\
25730 & 0,035
\end{array}
$$

Explication. — Le dividende ayant un seul chiffre décimal et le diviseur en ayant trois, j'ajoute deux zéros à droite du dividende pour qu'il ait trois chiffres décimaux comme le diviseur, puis j'efface les deux virgules et je divise 1500 par 42122 d'après la 2e règle, p. 112. Le quotient est 0,035 à un millième près.

4e Ex. — Diviser 72 par 0,038 à une unité près.

Opération.

$$
\begin{array}{r|l}
72000 & 0038 \\
38 & \\\hline
   & 1894 \\
340 & \\
304 & \\\hline
360 & \\
342 & \\\hline
180 & \\
152 & \\\hline
28 &
\end{array}
\quad\text{ou}\quad
\begin{array}{r|l}
72000 & 0038 \\
340 & \\
360 & 1894 \\
180 & \\
28 &
\end{array}
$$

Explication. — Le dividende 72 n'ayant pas de chiffres décimaux et le diviseur 0,038 en ayant trois, j'ajoute à la droite du dividende trois zéros précédés d'une virgule. J'efface ensuite les deux virgules et je divise 72000 par 38. Le quotient de la division, en s'arrêtant aux unités comme le veut la question, est 1894.

Remarque I. — La virgule du dividende, destinée à être effacée, pouvait n'être pas écrite.

Remarque II. — Les zéros à gauche du diviseur 0,038, après que la virgule est effacée, ne comptent en aucune façon; les commençants peuvent même les effacer pour n'en être pas embarrassés.

5e Ex. — 0,038 : 72 à 0,0001 près.

Opération.

00380000	72000		00380000	72000
360000	———	ou	200000	———
———	0,00052		56000	0,00052
200000				
144000				
———				
56000				

Explication. — J'ajoute à droite du diviseur trois zéros précédés d'une virgule, puis j'efface les virgules du dividende et du diviseur. J'ai ainsi à diviser 38 par 72000 (nombres entiers). d'après la 2e règle, p. 112.

Mêmes *remarques* que celles de l'exemple précédent, sur la virgule du diviseur et sur les zéros à gauche du dividende.

6e Ex. — 0,0054 : 0,06.

Opération.

0005400	00600		0005400	00600
5400	———	ou	0000	———
———	0,09			0,09
0				

Explication. — J'ajoute au diviseur deux zéros pour qu'il ait quatre chiffres décimaux comme le dividende, puis effaçant les virgules j'ai à diviser 54 par 600, ce que je fais d'après la 2e règle. Le quotient est 0,09.

265. RAISON DE LA 3e RÈGLE (Division de deux nombres dont l'un au moins est un nombre décimal, p. 114). — En ajoutant des zéros au dividende ou au diviseur, comme le prescrit la règle, on n'en change pas la valeur (no 229, p. 100). Quand après cela on efface les deux virgules, on rend le dividende et le diviseur le même nombre de fois plus grands (no 238, p. 102), et par conséquent l'un est contenu dans l'autre le même nombre de fois; le quotient n'est donc pas changé.

266. *Explication*. — Prenons le 2e ex., p. 114. Le dividende 54,37 devenant 5437, c'est-à-dire 100 fois plus grand, contiendrait le diviseur 100 fois plus si le diviseur restait le

même; mais le diviseur 2,4 ou 2,40, devenant aussi 100 fois plus grand (240 au lieu de 2,40), doit être contenu autant de fois qu'auparavant dans le dividende, et le quotient n'est pas changé.

267. 4° RÈGLE. — DIVISION D'UN NOMBRE ENTIER OU DÉCIMAL PAR 10, PAR 100, PAR 1000, ETC. — Pour diviser un nombre entier ou décimal par 10, par 100, par 1000..., on rend ce nombre 10 fois, 100 fois, 1000 fois... plus petit en mettant une virgule ou en la déplaçant si elle y est déjà (*Voy.* n°ˢ 234 et 238, p. 102, et n° 203, p. 84).

268. *Exemples.* — 1ᵉʳ EX. — 478 : 10 = 47,8 (no 235).
2ᵉ Ex. — 478 ; 1000 = 0,478 (n° 235).
3ᵉ Ex. — 24,75 : 1000 = 0,02475 (n° 239).
4ᵉ Ex. — 480000 : 100 = 4800,00 ou 4800 (n° 203).

269. USAGES DE LA DIVISION DES NOMBRES DÉCIMAUX. — La division des nombres décimaux a les mêmes usages que la division des nombres entiers. Elle sert de plus dans le cas suivant :

EXEMPLE. — *Problème.* — Quel est le nombre dont les 4 dixièmes égalent 8?

$$\text{Opération.} \quad 8,0 \,\big|\, \frac{0,4}{20}$$

Réponse. — 20.

NOTA. — Cet usage de la division est l'opposé de celui de la multiplication, indiqué au n° 252, p. 109. Comme il est peu pratique, nous ne le ferons pas entrer dans les exercices de cette arithmétique élémentaire.

270. *Problèmes particuliers sur les nombres décimaux.* 1ᵉʳ EXEMPLE. — Un rentier dépense les 2 dixièmes de son revenu pour sa nourriture, le dixième pour son logement, les 5 centièmes en achat de vêtements, et les 25 centièmes en menues dépenses. Combien économise-t-il de son revenu?

Solution. — Comme on ne sait pas à quelle somme s'élève le revenu du rentier, on ne saura pas non plus à quelle somme d'argent se montent ses économies Ce qu'on demande, c'est simplement la part de revenu économisée par lui, et cette part sera exprimée par une fraction décimale. Pour l'obtenir, on additionne les différentes fractions représentant les dépenses, et on retranche le total des dépenses de l'unité, par laquelle on représente le revenu.

Opérations. 0,2   1,0
             0,1   0,6
             0,05   ———
             0,25   Différence 0,4

Total des dépenses 0,60 ou 0,6.

Réponse. Les économies du rentier égalent les 4 dixièmes de son revenu.

2e EXEMPLE. — Un négociant a gagné 500 fr, sur un achat de marchandises se montant à 2880 fr. Quel a été son bénéfice par rapport au prix d'achat ?

Solution. — Pour savoir en général ce qu'est un nombre *par rapport* à un autre, il faut diviser le premier nombre par le second. Je dois donc diviser 500 par 2880.

Opération.   500 | 2880
                  | ———   (Reste 1040).
                  | 0,17

Réponse. — Le bénéfice a été les 17 centièmes du prix d'achat.

Exercices sur le calcul des nombres décimaux.

I. ADDITION.

(Voy. règle et exemples, p. 105 et 106.)

476. 8,34 + 15,8 + 76,27 + 230,8.
477. 767,147 + 87,2473 + 8096,4 + 76,042.
478. 8,2034 + 74,002 + 2025,00026 + 576,287.

NOTA. — On pourra en outre faire additionner les nombres à écrire ou à lire des exercices 438 à 459, p. 103 et 104, en prenant ces exercices deux à deux.

II. SOUSTRACTION.

(Règle, p. 106.)

1° *D'après le 1er exemple*, p. 106.

479.   45,078 — 24,129;   940,456 — 89,847;   0,027 — 0,0198.

2° *D'après le 2e exemple*, p. 107.

480. 845,474 — 719,34; 80,467 — 0,39; 0,0827 — 0,076.
481. 75,04 — 44; 88,007 — 77; 0,8857 — 0,0009.

3° *D'après le 3° exemple*, p. 107.

482. 6,8 — 2,45; 70,84 — 9,799; 2,04 — 0,999.
483. 0,04 — 0,001; 0,081 — 0,07098; 0,7 — 0,0008.

III. MULTIPLICATION.

(1re règle, p. 107.)

1° *D'après le 1er exemple*, p. 108.

484. 2,5 × 4,36; 8,02 × 1,6; 874,8 × 2,4.

2° *D'après le 2e exemple*, p. 108.

485. 7,04 × 25; 1,945 × 4; 2,005 × 15.
486. 0,74 × 91,4; 0,07 × 1002; 0,0024 × 2500,3.

3° *D'après le 3e exemple*, p. 108.

487. 75 × 0,005; 0,002 × 293; 10025 × 0,00004.
488. 14,5 × 0,0091; 0,000421 × 23,2; 0,000019 × 45,46.
489. 0,004 × 23 ou 23 × 0,004; 0,0003 × 1032 ou 1032 × 0,0003.

4° *D'après le 4e exemple*, p. 109.

490. 0,63 × 0,34; 0,93 × 0,881; 0,63 × 0,002.
491. 0,85 × 0,047; 0,27 × 0,051; 0.72 × 0,003.
492. 0,747 × 0,000021; 0,070 × 0,0003; 0,046 × 0,0340.
493. 0,0024 × 0,000182 ; 0,0058 × 0,0527 ; 0,0004 × 0,43.
494. 0,500 × 8; 0,03400 × 0,45; 0,45900 × 0,300.

5° *D'après la 2e règle*, n° 253, p. 110.

495. 0,025 × 10; 2,567 × 100; 0,00025 × 1000.
496. 0,0256 × 100; 9,09 × 1000; 0,45 × 10000.

6° *Définition et usage de la multiplication*, n°s 247 et 254, p. 107 et 110.

497. Quelle différence entre multiplier 40 par 0,1 et diviser 40 par 10 ?
498. Multiplier 40 par 0,1, par 0,01, par 0,001.
499. Prendre le 0,1, le 0,01, le 0,001 de 40.
500. Quels sont les cinq dixièmes de 20 ?

501. Quels sont les huit centièmes de 40 ?
502. Quels sont les sept millièmes de 52 ?

IV. DIVISION.

1 *Division de nombres entiers avec décimales au quotient (1ᵉʳ cas).*

(1ʳᵉ règle, 1ᵉʳ ex , p, 110 et 111.)

503. 66 : 5; 137 : 4; 37 : 25 (Quotient sans reste).

Même règle, 2ᵉ ex. p. 111.

504. 76 : 3; 840 : 13; 94 : 62 (à 0,01 près).
505. 845 : 74; 9035 : 35; 9 : 8 (à 0,1 près).
506. 7437 : 46; 832 : 67; 1946 : 36 (à 0,001 près).

2° *Division de nombres entiers (2° cas).*

(2ᵉ règle, 1ᵉʳ ex., p. 112 et 113)

507. 3 : 4; 1 : 2; 1 : 4; 7 : 8; 15 : 25; 4 : 5 (Quotient exact).
508. 1 : 3; 2 : 3; 4 : 7; 8 : 9; 4 : 11; 5 : 7 (à 0,01 près).

Même règle, 2ᵉ ex., p. 113.

509. 4 : 80; 22 : 320; 8 : 125 (à 0,001 près).
510. 25 : 332; 6 : 841; 33 : 623 (à 0,001 près).
511. 8 : 434; 7 : 246; 74 : 8764 (à 0,001 près).

3° *Division de deux nombres quelconques.*

(3e règle, 1ᵉʳ ex., p. 114.)

512. 34,8 : 1,2; 19,56 : 9,78; 908,451 : 2,307 (à 0,001 près).
513. 72,84 : 3,25; 88,57 : 4,12; 780,1 : 2,9 (à 0,001 près).

Même règle, 2ᵉ ex., p. 114.

514. 2077,91 : 45,3; 203,361 : 76,4; 47,009 : 2,36 (à 0,01 près).
515 51,6 : 3,55; 64,03 : 2,091; 5,0456 : 2,04 (à 0,01 près).
516. 156,35 : 25,4 ; 900,4 : 1,002 ; 57,008 : 2,9 (à 0,01 près).

Même règle, 3ᵉ ex., p. 115.

517. 45,3 : 2077,91; 76,4 : 203,361; 2,36 : 47,009 (à 0,001 près.)

518. 3,55 : 51,6 ; 2,091 : 64,03 ; 2,04 : 5,0456 (à 0,001 près).

519. 25,4 : 156,35 ; 1,002 : 900,4 ; 2,9 : 57,008 (à 0,001 près).

Même règle, 4ᵉ et 5ᵉ ex., p. 115 et 116.

520. 84 : 0,5; 781 : 0,25; 842 : 0,325 (à une unité près).
521. 94,75 : 9; 18,535 : 6; 574,9 : 65 (à 0,1 près).
522. 17,04 : 0,9; 94,25 : 0,04; 900,147 : 0,25 (à 0,1 près).

Même règle, 5ᵉ et 6ᵉ ex , p. 116.

523. 0,94 : 6; 0,867 : 2; 0,45 . 15 (à 0,01 près).
524. 0,084 : 04; 0,0987 : 03; 0,054 : 0,021 (à 0,01 près).
525. 0,0004 : 0,5; 0,0089 : 8,2; 0,00006 : 0,004 (à 0,0001 près).
526. 0,0005 : 8; 0,00045 : 61, 2; 0,00004 : 5,3 (à 0,00001 près).

4° *Division par* 10, 100, 1000, *etc.*

(4ᵉ règle et ex., p. 117).

527. 541 : 10; 541 : 100; 541 : 1000.
528. 257,9 : 10; 575,03 : 100; 256,471 : 1000.
528. 25 : 1000; 9 : 100; 754 : 10000.

Problèmes.

529. Un voyageur a parcouru en plusieurs fois 25 kilomètres 5 dixièmes, 4 kilomètres 25 centièmes, 294 kilomètres 4 dixièmes. Combien a-t-il parcouru de kilomètres en tout ?

530. Une roue fait 45 tours 3 dixièmes en une minute. Combien fera-t-elle de tours en 25 minutes ?

531. En une heure une bougie brûle jusqu'aux 0,2 de sa longueur. Combien brûlera-t on de bougies en 48 heures?

532. En versant un tonneau plein d'eau dans un bassin, on l'a rempli jusqu'aux 8 centièmes de sa hauteur. Combien faudra-t-il de tonneaux semblables pour remplir tout le bassin ?

533. Un marchand emploie les 3 dixièmes de ses bénéfices pour la nourriture de sa famille, les 5 centièmes pour son mobilier, les 25 centièmes en achat de vêtements et les 8 centièmes en menues dépenses. Quelle partie de ses bénéfices dépense-t-il en tout et quelle partie lui reste-t-il? (On représentera les bénéfices par l'unité. (*Voy.* n° 270, 1ᵉʳ ex., p. 117).

534. Un vase est plein jusqu'aux 0,4. Quelle partie du vase reste-t-il à remplir?

535. Un marchand gagne les 15 centièmes sur le prix d'achat de sa marchandise. Combien gagne-t-il sur un achat de 8500 fr.?

536. Un marchand a gagné 450 fr. sur un achat se montant à 9000 fr. Quel a été son bénéfice comparé à son achat ? (*Voy.* n° 270, 2° ex., p. 118.)

537. Une vigne achetée 7500 fr. rapporte par an, en moyenne, bénéfice net, 375 fr. Quel est le bénéfice annuel comparé à la valeur de la vigne ?

538. Une espèce de vin contient 11 centièmes d'alcool. Combien de litres d'alcool dans 780 litres de ce vin ?

539. Il y a 45 litres d'alcool dans 500 litres de vin Combien y a-t-il d'alcool en proportion de la quantité de vin ?

540. Le produit d'une propriété s'est vendu une année 75000 fr. Les frais de culture et autres s'étaient élevés aux 85 centièmes de cette somme. Quel a été le bénéfice net du propriétaire ?

NOTA. — Les problèmes sur le système métrique, chap. IX, offriront de nombreuses applications des nombres décimaux.

CHAPITRE VIII

Fractions ordinaires. — Calcul des fractions ordinaires au moyen des fractions décimales.

I. NUMÉRATION DES FRACTIONS ORDINAIRES.

(Voyez notions préliminaires, n°° 216 à 219, p. 97 et 98).

271. 1ʳᵉ RÈGLE. — COMMENT S'ÉCRIT UNE FRACTION ORDINAIRE. — Une fraction ordinaire s'écrit au moyen de deux nombres séparés par une barre, et appelés, l'un *numérateur*, l'autre *dénominateur*. Le numérateur exprime combien on prend de parties de l'unité, on l'écrit au-dessus. Le dénominateur indique combien il y a de parties dans l'unité entière, on l'écrit au-dessous.

272. *Exemples.* — 1ᵉʳ Ex. — La fraction *trois quarts* s'écrit $\frac{3}{4}$. Le chiffre 3 est le numérateur ; il exprime qu'on

prend trois parties de l'unité, par exemple trois parties d'une pomme. Le chiffre 4 est le dénominateur ; il indique que l'unité a été partagée en quatre parties et que par conséquent les parties qu'on prend sont des *quarts*.

2° Ex. — La fraction *cinq septièmes* s'écrit $\frac{5}{7}$. Le numérateur 5 indique qu'on prend cinq parties de l'unité, et le dénominateur 7 que ces parties sont des *septièmes*.

273. *Pourquoi le numérateur et le dénominateur s'appellent-ils ainsi?* — Le numérateur s'appelle ainsi parce qu'il sert à exprimer le *nombre* des parties de l'unité, et le dénominateur parce qu'il sert à les *nommer*.

274. *Qu'appelle-t-on termes d'une fraction?* — Les *termes* d'une fraction sont le numérateur et le dénominateur.

275. 2° RÈGLE. — COMMENT SE LIT UNE FRACTION ORDINAIRE. — On lit d'abord le numérateur comme un nombre entier, puis on lit le dénominateur en y ajoutant la terminaison *ième*. Il y a seulement exception lorsque le dénominateur est 2, 3, ou 4 : alors on dit *demi, tiers, quart,* au lieu de deuxième, troisième, quatrième.

276. *Exemples.* — La fraction $\frac{3}{11}$ se lit *trois onzièmes* ; $\frac{7}{10}$, *sept dixièmes* ; $\frac{13}{104}$, *treize cent-quatrièmes*. — D'après l'exception, $\frac{1}{2}$ se lit *un demi*; $\frac{2}{3}$, *deux tiers*; $\frac{3}{4}$, *trois quarts*.

277. *Les fractions décimales ne peuvent-elles pas s'écrire comme des fractions ordinaires?* — Les fractions décimales peuvent s'écrire aussi comme des fractions ordinaires. C'est ce qu'on voit par un des exemples du numéro précédent, $\frac{7}{10}$ au lieu de 0,7.

278. *Quand une fraction est-elle égale à l'unité?* — Une fraction est égale à l'unité quand ses deux termes sont égaux ; il est évident, par exemple, que pour faire un entier il faut deux demis, trois tiers, quatre quarts.

279. *Quand une fraction est-elle plus grande ou plus petite que l'unité ?* — Une fraction est plus grande ou plus petite que l'unité, selon que le numérateur est plus grand ou plus petit que le dénominateur. Par exemple, $\dfrac{3}{4}$ est une fraction plus petite que l'unité, $\dfrac{4}{3}$ est une fraction plus grande.

280. *Deux fractions peuvent-elles être égales sans avoir les mêmes termes ?* — Oui. Par exemple, $\dfrac{2}{4}$ et $\dfrac{1}{2}$ sont deux fractions égales, car la seconde exprime deux fois moins de parties, 1 au lieu de 2, mais elles sont deux fois plus grandes, des demis au lieu de quarts. La seconde fraction n'est donc autre chose que la première *simplifiée*.

281. *Qu'est-ce qu'un nombre fractionnaire ?* — On appelle *nombre fractionnaire* un nombre composé d'un nombre entier joint à une fraction ordinaire ; par exemple, $3\,\dfrac{1}{2}$ ou trois unités et demie, $5\,\dfrac{6}{7}$ ou cinq unités six septièmes.

II. Cas de la division des nombres entiers donnant lieu a des nombres fractionnaires.

282. *Le quotient d'une division ne peut-il pas s'exprimer comme une fraction ?* — Oui. Par exemple, 3 divisé par 8 est la même chose que $\dfrac{3}{8}$.

283. *Pourquoi le quotient d'une division peut-il s'exprimer comme une fraction ?* — Il est évident, en prenant l'exemple précédent, que 1 divisé par 8 égale 1 huitième ; donc en divisant par 8 le nombre 3 qui est 3 fois plus grand que 1, on a pour quotient 3 huitièmes.

284. 3ᵉ Règle. —Comment on exprime au moyen d'un

NOMBRE FRACTIONNAIRE LE QUOTIENT D'UNE DIVISION. — Quand la division d'un nombre entier par un autre donne un reste, on peut, avec ce reste et le diviseur, former une fraction. Cette fraction compose avec le quotient entier un nombre fractionnaire qui est le véritable quotient de la division.

285. *Exemple.* — Soit le 2ᵉ exemple du n° 187, p. 73, à la suite du quotient 3964 on peut écrire la fraction $\frac{3}{8}$ formée avec le reste 3 comme numérateur et le diviseur 8 comme dénominateur. Le quotient de la division est alors $3964\,\frac{3}{8}$.

286. *Remarque.* — On préfère ordinairement continuer la division et obtenir des décimales d'après la règle du n° 255, p. 110. C'est ainsi que dans le 1ᵉʳ ex. du n° 256, p. 111, au lieu d'écrire au quotient après que le dividende a été épuisé, $53\,\frac{12}{32}$, on a continué la division et l'on a obtenu 53,375.

III. RÉDUCTION D'UNE FRACTION ORDINAIRE EN FRACTION DÉCIMALE.

287. 4ᵉ RÈGLE. — Pour changer ou réduire une fraction ordinaire en fraction décimale, on divise le numérateur par le dénominateur, d'après la règle du n° 259 (p. 112). Si la division ne peut se faire exactement, on s'arrête, d'après la même règle, à une espèce décimale plus ou moins petite selon le degré d'exactitude qu'on veut avoir.

288. *Exemples.* — 1ᵉʳ EXEMPLE. — Changer $\frac{3}{4}$ en fraction décimale.

Opération. $\begin{array}{c|c} 3 & 4 \\ \hline & 0,75 \end{array}$

Réponse. — $\frac{3}{4}$ égale 0,75.

2ᵉ EXEMPLE. — Réduire $\frac{2}{3}$ en fraction décimale.

Opération. $2 \mid \overline{3}$

$\mid \overline{0,66}$ (avec 2 pour reste.)

Réponse. — $\dfrac{2}{3}$ égale environ 0,66.

Remarque sur cet exemple. — Le reste 2 étant très-près du diviseur 3, il serait plus exact d'écrire au quotient 0,67 au lieu de 0,66 (*Voy.* remarque, p. 112, et n° 233, p. 101). Mais dans la pratique ordinaire, au lieu de forcer ainsi le dernier chiffre du quotient, il vaut mieux chercher un chiffre décimal de plus qu'il n'est rigoureusement nécessaire, et écrire, par exemple, dans le cas présent, 0,666 au lieu de 0,66. C'est ainsi que nous faisons dans la résolution du problème du n° 292, p. 127.

3e Exemple. — Réduire $2\dfrac{1}{3}$ en nombre décimal.

On commence par changer $\dfrac{1}{3}$ en fraction décimale, et on écrit la fraction décimale obtenue à la suite du nombre entier 2.

Opération. $1 \mid 3$

$\mid \overline{0,333}$ (avec 1 pour reste).

Réponse. — $2\dfrac{1}{3}$ égale environ 2,333.

289. *Raison de la règle précédente* (Voy. le 1er exemple). — Un quart est évidemment la même chose que 1 divisé par 4 ; par conséquent trois quarts sont la même chose que 3 divisé par 4. (Se rappeler le raisonnement du n° 283.)

290. *Valeur de plusieurs fractions ordinaires réduites en fractions décimales.*

$\dfrac{1}{2} = 0,5$ (exactement).

$\dfrac{1}{3} = 0,333$ (à 0,001 près). $\dfrac{2}{3} = 0,666$ (à 0,001 près).

$\dfrac{1}{4} = 0,25$ (exact.). $\dfrac{3}{4} = 0,75$ (exact.).

IV. Opérations sur les fractions ordinaires au moyen des fractions décimales.

291. 5e Règle. — Pour faire les opérations sur les fractions ordinaires au moyen des fractions décimales, on change les fractions ordinaires en fractions décimales par la règle du n° 287 (p. 125), et l'on opère ensuite sur les fractions décimales.

292. *Exemples.* — 1er Ex. — Additionner $8\frac{3}{4} + \frac{2}{3} + 1\frac{1}{2}$.

Opération. 8,75   (*Voy.* pour les fractions décima-
            0,666   les mises à la place des fractions
            1,5   ordinaires le tableau ci-dessus, n°
    Total $\overline{10,916}$ 290.)

2e Exemple. — Diviser $3\frac{2}{5}$ par $\frac{1}{4}$.

Opérations. 2 | 5   3,4 | 0,25
            $\overline{\ \ | 0,4}$ $\overline{\ \ | 13,6}$

Explication. — On réduit l'une des fractions en fraction décimale en divisant 2 par 5 et l'on joint la fraction décimale obtenue au nombre entier 3. L'autre fraction est au tableau du n° 290. Les deux nombres à diviser sont d'après cela 3,4 et 0,25. Quotient demandé = 13,6.

3e Exemple. — *Problème.* — Une usine dépense pour charbon de terre 18 fr. à l'heure. Combien a-t-elle dépensé en 2 heures 40 minutes ou 2 heures et deux tiers ?

Opération. 2,66   ou mieux   2,666   (Pour la valeur
          × 18   18   de $\frac{2}{3}$ en fraction
          $\overline{\ \ \ \ }$ $\overline{\ \ \ \ }$ décimale, voir le
            2128   21328   tableau du n°
             266   2666   290.)
          $\overline{\ \ \ \ }$ $\overline{\ \ \ \ }$
           47,88   47,988

Réponse. — 47 fr. 88 centimes ou plus exactement 47 fr. 99 cent., ou même 48 fr.

Remarque — J'écris pour réponse 48 fr., parce que les 12 millièmes qui manquent (47,988 + 0,012 = 48) font une différence très-petite et qu'il est facile de voir que cette différence tient à ce que le multiplicande 2,666 n'égale pas tout à fait $2\frac{2}{3}$.

V. Opérations sur les fractions ordinaires sans les fractions décimales, dans les cas les plus faciles.

293. Quelquefois il est très-facile d'opérer sur les fractions ordinaires sans les changer en fractions décimales. Alors il est mieux de le faire.

Exemples. — 1ᵉʳ Ex. — 1° Si l'on a à additionner $2\frac{1}{4}$ et $5\frac{3}{4}$, on voit immédiatement que, d'une part, 2 et 5 font 7 et que d'autre part $\frac{1}{4}$ et $\frac{3}{4}$ font $\frac{4}{4}$ ou une unité; le total demandé est donc 7 + 1 ou 8 unités.

2ᵉ Ex. — $\frac{3}{5}$ et $\frac{4}{5}$ font évidemment $\frac{7}{5}$, c'est-à-dire 1 unité et $\frac{2}{5}$.

3ᵉ Ex. — En retranchant $2\frac{1}{4}$ de $5\frac{3}{4}$, on a pour reste $3\frac{2}{4}$, ou, ce qui est la même chose, $3\frac{1}{2}$.

4ᵉ Ex. — $20 \times \frac{1}{4}$ c'est évidemment le quart de 20, ou 5 (n° 247, p. 107); $20 \times \frac{3}{4}$ c'est par conséquent 3 fois 5, ou 15,

5ᵉ Ex. — Le problème ci-dessus, p. 127, peut facilement se résoudre sans décimales. 2 heures à 18 fr. l'heure font 36 fr. On voit ensuite facilement que la dépense d'un tiers d'heure est de 6 francs (le tiers de 18 fr.), et la dépense de deux tiers de 12 fr. Il faut donc ajouter 12 fr. à 36 fr., ce qui fait 48 fr. pour la dépense exacte de l'usine pendant 2 heures et $\frac{2}{3}$.

Exercices sur les fractions ordinaires.

1° Numération des fractions ordinaires (p. 122).

541. Combien de quarts dans un entier? Combien de cinquièmes? Combien de vingtièmes? (*Voy.* n° 216, p. 97.)

542. Combien de quarts dans un entier et trois quarts? Combien dans trois entiers et un quart?

543. Combien d'entiers dans dix cinquièmes? Combien

dans douze quarts? — Combien d'entiers dans cinq demis? Combien dans onze quarts?

544. Fractions à écrire (1re règle, p. 122) : trois cinquièmes ; un tiers ; quatre septièmes; un demi ; deux quinzièmes; treize vingt-cinquièmes; trente-deux cinquantièmes; trois centièmes (pour cette fraction, voy. n° 277, p.   ).

545. Lire les fractions et les nombres fractionnaires des n°s 548 et 550 (*Voy.* 2e règle, p. 123, et n° 281, p. 124).

546. Pourquoi les fractions suivantes, prises deux à deux, sont-elles égales? (*Voy.* n° 280, p. 124) :

$$\frac{6}{8} = \frac{3}{4} \; ; \; \frac{8}{12} = \frac{2}{3} \; ; \; \frac{6}{9} = \frac{2}{3} \; ; \; \frac{3}{21} = \frac{1}{7}.$$

2° *Quotients à exprimer en nombres fractionnaires.*

(3e règle, p. 124)

547. Exprimer en nombre fractionnaire le quotient des divisions suivantes :

76 : 3;   840 : 13;   94 : 62;   845 : 74;   9035 : 35;   9 : 8

3° *Réduction des fractions ordinaires ou fractions décimales.*

(4e règle, p. 125)

548. Réduire en fractions décimales, à 0,001 près :

$$\frac{1}{6} \; ; \; \frac{7}{20} \; ; \; \frac{6}{15} \; ; \; \frac{3}{10} \; ; \; \frac{1}{7} \; ; \; \frac{8}{15} \; ; \; \frac{2}{11} \; ; \; \frac{4}{25}$$

4° *Calcul des fractions ordinaires au moyen des fractions décimales.*

(5e règle, p. 127)

549. Additionner les quatre premières fractions de l'exercice précédent, puis les quatre dernières.

550. Autres additions : $9\frac{1}{3} + 2\frac{4}{5}$; $4\frac{1}{2} + 4\frac{3}{7} + \frac{1}{2}$.

551. Soustractions : $\frac{5}{7} - \frac{1}{11}$; $\frac{3}{4} - \frac{5}{7}$; $2\frac{1}{8} - \frac{5}{15}$; $9\frac{2}{5} - \frac{1}{15}$.

552. Multiplications : $\dfrac{3}{4} \times \dfrac{1}{5}$; $\dfrac{7}{8} \times \dfrac{2}{5}$; $5\dfrac{1}{3} \times 2$; $5\dfrac{1}{3} \times \dfrac{3}{4}$

553. Divisions : $\dfrac{3}{4} : \dfrac{1}{4}$; $\dfrac{7}{8} : 9$; $4\dfrac{1}{2} : 8$; $7\dfrac{3}{4} : 1\dfrac{1}{5}$.

5° *Calcul des fractions ordinaires sans les fractions décimales.*

(N° 293, p. 128)

554. $\dfrac{1}{4} + \dfrac{3}{4}$; $\dfrac{1}{3} + \dfrac{2}{3} + \dfrac{1}{3}$; $8\dfrac{3}{4} - \dfrac{1}{4}$; $2 - \dfrac{3}{4}$. (1ᵉʳ à 3ᵉ ex.).

$20 \times \dfrac{1}{2}$; $20 \times 2\dfrac{1}{2}$; $40 \times \dfrac{3}{4}$; $40 \times 3\dfrac{1}{4}$. (4ᵉ ex.).

Problèmes.

555. Un ouvrier a 2 mètres de travail à faire ; il en a déjà fait 1 mètre $\dfrac{1}{4}$. Combien lui en reste-t-il à faire ?

556. Combien coûtent trois mètres et demi d'étoffe à 8 fr. le mètre ?

557. On a acheté une première fois 4 mètres $\dfrac{3}{4}$ de toile, une seconde fois 3 mètres $\dfrac{1}{2}$ et une troisième fois 2 mètres $\dfrac{1}{4}$. Combien en tout ? (Dans le calcul on changera le demi-mètre en quarts de mètre, voy. n° 280, p. 124).

558. On doit à un ouvrier 3 journées et demie de travail, 4 journées trois quarts et une journée un quart. Combien en tout ? (On changera la demi-journée en quarts de journée).

559. Combien y a-t-il de minutes dans 12 heures et demie ? (On sait qu'il y a 60 minutes dans une heure.)

560. Combien doit-on à un maçon pour 13 mètres un quart de maçonnerie à 8 fr. le mètre ?

561. Combien paiera-t-on pour 5 mètres et $\dfrac{3}{4}$ de fumier à 5 fr. le mètre ?

562. On a payé 51 fr. pour le transport d'une certaine quantité de bois à une distance de 6 lieues et demie. Combien cela fait-il par lieue ?

CHAPITRE IX

Système métrique.

NOTIONS GÉNÉRALES.

294. *Qu'est-ce que le système métrique ?* — On appelle *système métrique* l'ensemble des nouvelles mesures employées en France.

295. *Qu'est-ce qu'une mesure ou unité ?* — On appelle *mesure* ou *unité* une grandeur à laquelle on compare d'autres grandeurs semblables pour les connaître. Par exemple, pour connaître la longueur d'une table, on la compare à une longueur connue de tout le monde et qui est appelée *mètre* (1).

296. *Qu'est-ce que mesurer ?* — *Mesurer*, c'est chercher combien de fois une mesure ou unité est contenue dans une grandeur de même espèce qu'elle. Par exemple, pour mesurer la longueur d'une table, on porte le mètre sur la longueur de la table et on voit combien de fois il y est contenu : s'il y est contenu trois fois, on dit que la longueur de la table est de trois mètres.

297. *Qu'est-ce qu'une quantité ?* — Tout ce qui peut être mesuré s'appelle une *quantité*. On appelle de même *quantité* tout ce qui peut être compté (voyez n° 10, p. 7).

298. *Quelle est la principale des nouvelles mesures ?* — La première et la principale des nouvelles mesures, c'est le *mètre*.

299. *Pourquoi le système métrique s'appelle-t-il ainsi ?* — Le mètre a servi à faire les autres nouvelles mesures : c'est pourquoi l'ensemble des nouvelles mesures s'appelle *système métrique*.

1. Montrer un mètre à l'enfant.

300. *N'y a-t-il pas différentes espèces de quantités et quelles sont les principales?* — Il y a un grand nombre d'espèces de quantités. Les principales sont : 1° les *longueurs*, par exemple la longueur d'une table, la longueur d'une corde ; 2° les *surfaces* ou *superficies*, par exemple la surface d'une feuille de papier ou la superficie d'un champ ; 3° les *volumes* ou *solidités*, par exemple l'espace occupé par un amas de pierres, par de la terre, du bois, etc.; 4° les *capacités*, par exemple la contenance d'un vase, d'un tonneau ; 5° les *poids*, comme le poids du pain, du sucre; 6° les *monnaies*, ou les pièces d'or et d'argent qui servent dans le commerce.

301. *Quelles sont les unités ou mesures principales?* — Il y a différentes espèces d'unités ou mesures pour apprécier ou mesurer les différentes espèces de quantités ; les principales sont :

Le *mètre*, unité principale de longueur ;

Le *mètre carré*, unité principale de surface ;

L'*are*, unité principale de superficie pour la mesure des champs ;

Le *mètre cube*, unité principale de volume ;

Le *stère*, unité principale de solidité pour le bois de chauffage ;

Le *litre*, unité principale de capacité ;

Le *gramme*, unité principale de poids ;

Le *franc*, unité principale de monnaie.

302. *Qu'appelle-t-on unités secondaires, multiples et sous-multiples?* — Outre les unités principales, il y a des unités plus grandes ou plus petites, appelées en général *unités secondaires*. Les plus grandes sont appelées *multiples* de l'unité principale, et les plus petites *sous-multiples*.

303. *Comment nomme-t-on chacune des unités secondaires?* — On nomme chacune des unités secondaires en joignant au nom de l'unité principale de même espèce l'un des sept mots suivants :

Myria, qui signifie dix mille,

Kilo,   —   mille,

Hecto,   —   cent,

Déca, qui signifie dix,
Déci,   —   dixième,
Centi,   —   centième,
Milli,   —   millième.

Par exemple, on dit :

Un *myriamètre,* ou dix mille mètres,
Un *kilomètre,* ou mille mètres,
Un *hectomètre,* ou cent mètres,
Un *décamètre,* ou dix mètres,
Un *décimètre,* ou un dixième de mètre,
Un *centimètre,* ou un centième de mètre,
Un *millimètre,* ou un millième de mètre.
De même on dit : un *kilogramme* ou mille grammes ; un *hectogramme* ou cent grammes, un *décagramme* ou dix grammes, etc.

304. *Comment nomme-t-on les unités plus petites que le millimètre, le milligramme, etc.?*—Au-dessous de *millimètre, milligramme,* et en général au-dessous de la plus petite unité métrique de chaque espèce, on emploie les mots *dixième, centième,* etc. Par exemple, on dit un *dixième de millimètre* et non un *dix-millimètre.*

305. *Qu'appelle-t-on mesures réelles?* — On appelle ainsi les unités ou mesures qui servent non-seulement à exprimer la grandeur des quantités, mais qui de plus servent à les mesurer.

306. *Toutes les différentes unités du système métrique sont-elles des mesures réelles?* — Non. Il en est dont l'usage, pour mesurer les quantités, ne serait pas commode ou même serait impossible. Par exemple, pour mesurer la longueur d'une route, il ne serait pas facile de porter sur la route une chaîne d'un hectomètre ; on emploie de préférence pour cela une chaîne d'un décamètre ou d'un double décamètre. Il y a donc des unités du système métrique qui, quoique servant à apprécier les grandeurs , n'existent pas séparées, ou qui, en d'autres termes, ne sont pas des mesures *réelles.*

307. *La loi autorise-t-elle toutes les mesures réelles qui, de leur nature, sont possibles?* — Parmi les me-

sures réelles possibles, la loi n'autorise et ne garantit que des mesures égales à une unité, au double d'une unité ou à la moitié. Ainsi, par exemple, il n'y a pas de mesures réelles de 3 mètres ou d'un tiers de mètre, mais il y en a d'un double mètre ou d'un demi-mètre, d'un double décamètre ou d'un demi-décamètre, etc. Des *vérificateurs* sont chargés de vérifier ces sortes de mesures chez les commerçants.

308. *Quelle unité choisit-on de préférence pour l'évaluation d'une quantité d'espèce déterminée ?* — On choisit de préférence l'unité principale de même espèce ou une unité secondaire plus ou moins grande ou petite, selon la grandeur de la quantité qu'il faut apprécier. Par exemple, s'il s'agit de la longueur d'une route, on prend pour unité le kilomètre ; s'il s'agit de la longueur d'une pièce d'étoffe, on prend pour unité le mètre ; s'il s'agit de la longueur ou de l'épaisseur d'un livre, on prendra pour unité le centimètre ou même le millimètre. Dans ces différents cas, les unités secondaires sont considérées comme unités principales de la quantité particulière dont il s'agit.

Détails sur les différentes espèces de mesures.

I. Mesures de longueur.

309. *Quelle est l'unité principale de longueur ?* — L'unité principale de longueur c'est le *mètre*.

310. *Qu'est-ce que le mètre ?* — Le mètre est la dix-millionième partie de la distance du pôle à l'équateur.

311. *Explication.* — La terre est une boule qui tourne sur elle-même comme une roue sur son essieu. Il y a à sa surface, au nord et au sud, deux points immobiles appelés *pôles* et sur lesquels la terre tourne; c'est en ces points qu'il fait le plus froid. On appelle *équateur* une ligne qui fait le tour de la terre à égale distance des deux pôles et dont le soleil s'écarte très-peu en toute saison. Or, les astronomes ont mesuré la distance de l'équateur au pôle nord. Cette

distance, estimée avec l'ancienne mesure usitée en France et qui s'appelait *toise*, a été trouvée de 5 130 740 toises. C'est en prenant la dix-millionième partie de cette distance qu'on a formé le MÈTRE. Le mètre a donc été fait égal à 0 toise 5 130 740 dix-millionièmes, ou à peu près à 0 toise 513 millièmes, c'est-à-dire à un peu plus de la moitié d'une toise.

312. *Quelles sont les unités secondaires de longueur?* — Les unités secondaires de longueur sont les suivantes :

1° Multiples du MÈTRE : le *myriamètre*,
le *kilomètre*,
l'*hectomètre*,
le *décamètre*.

2° Sous-multiples du MÈTRE : le *décimètre*,
le *centimètre*,
le *millimètre*.

313. *Emploi des différentes unités de longueur.* — On emploie le *mètre* comme unité pour apprécier les longueurs ordinaires, par exemple la longueur d'une pièce d'étoffe, la hauteur d'un arbre, les dimensions d'un réservoir; et aussi pour de petites distances comme la distance de deux maisons ou de deux villages voisins. On emploie les mesures plus petites (le *décimètre*, le *centimètre*, le *millimètre*), pour apprécier les petites longueurs, comme la longueur d'une règle, la profondeur d'un vase, l'épaisseur d'une planche. Les mesures plus grandes que le mètre servent pour les grandes longueurs ; par exemple, le *décamètre* pour la mesure des champs, l'*hectomètre* et le *kilomètre* pour la mesure des routes, le *kilomètre* et le *myriamètre* pour la distance de deux villes, la distance des astres.

On emploie aussi pour l'appréciation des distances la *lieue métrique*, qui est de 4 kilomètres.

314. *Quelles sont les mesures réelles de longueur?* — On a adopté pour *mesures réelles de longueur* chaque unité, son double et sa moitié, depuis le

double décamètre jusqu'au décimètre (le demi-décimètre n'existe pas). Les plus grandes de ces mesures sont divisées en mètres et en doubles décimètres, les plus petites en décimètres, centimètres et millimètres. La fig. 1 est un décimètre divisé en 10 centimètres, le centimètre étant lui-même divisé en 10 millimètres.

II. MESURES DE SURFACE OU DE SUPERFICIE.

315. *N'y a-t-il pas plusieurs mesures principales de surface ?* — Il y a deux mesures principales de surface : le *mètre carré* employé pour des surfaces quelconques, et l'*are* employé seulement pour les surfaces *agraires*, c'est-à-dire pour les champs.

1° Le mètre carré.

316. *Qu'est-ce que le mètre carré ?* — Le *mètre carré* est un carré d'un mètre de côté, c'est-à-dire un carré dont chaque côté a un mètre de longueur.

317. *Quels sont les multiples et les sous multiples du mètre carré ?* — Les multiples du mètre carré sont:

Le *Myriamètre carré*, ou carré d'un myriamètre de côté.

Le *Kilomètre carré*, d'un kilomètre de côté.

L'*Hectomètre carré*, d'un hectomètre de côté.

Le *Décamètre carré*, d'un décamètre de côté.

Les sous-multiples sont :

Le *Décimètre carré*, d'un décimètre de côté.

Le *Centimètre carré*, d'un centimètre de côté.

Le *Millimètre carré*, d'un millimètre de côté.

318. *Comparez les unités carrées entre elles.* — Toutes les unités carrées sont de cent en cent fois plus petites. Par exemple, il y a cent décimètres carrés dans un mètre carré, cent centimètres carrés dans un décimètre carré, etc. ; de même il y a cent mètres carrés dans un décamètre carré, cent décamètres carrés dans un hectomètre carré, etc. Il ne faut donc pas confondre un décimètre carré avec un dixième de mètre carré, un décamètre carré avec dix mètres carrés, etc.

319. *Explication*. — La figure suivante fait comprendre pourquoi les unités carrées sont de cent en cent fois plus petites. Elle repré-

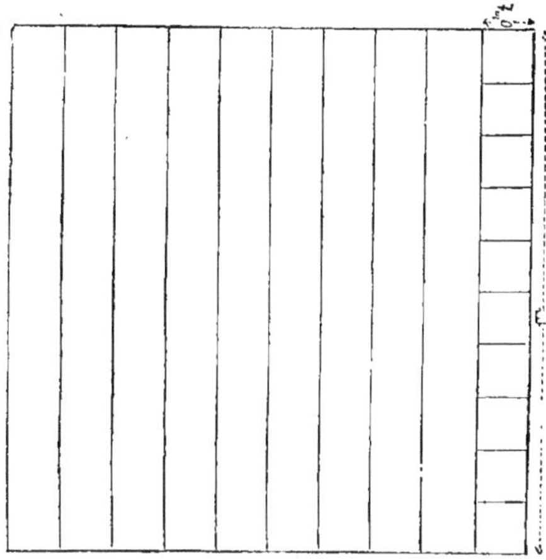

Fig. 2.

sente un mètre carré divisé de haut en bas en dix bandes verticales qui sont des *dixièmes* de mètre carré (et non des décimètres carrés) ; une bande à droite est divisée en dix carrés d'un décimètre de côté et qui sont par conséquent des *décimètres carrés*. Comme il y a dans le carré 10 bandes semblables , le mètre carré vaut donc 10 fois dix décimètres carrés , c'est-à-dire 100 décimètres carrés.

Si le carré total représentait un décimètre carré, les petits carrés seraient des centimètres carrés, et l'on voit ainsi qu'il y a 100 centimètres carrés dans un décimètre carré. On reconnaît de même pour les autres unités carrées, qu'il en faut toujours 100 pour faire une unité carrée immédiatement supérieure.

320. *Comparez les décimètres, les centimètres, les millimètres carrés, avec les dixièmes, les centièmes et les millièmes du mètre carré*. — Il faut, pour faire un mètre carré :

10 dixièmes de mètre carré , ou 100 décimètres carrés.

100 centièmes de mètre carré, ou 10 000 centimètres carrés.

1000 millièmes de mètre carré, ou 1 000 000 de millimètres carrés.

321. *Emploi des différentes unités carrées*. — Le mètre carré sert à apprécier les surfaces de grandeur ordinaire, comme la surface d'une table, d'un plafond, l'emplacement d'une maison, la superficie d'un jardin. Le décimètre, le centimètre et le millimètre

carré servent pour de petites surfaces, comme la surface d'une feuille de papier, la surface d'une pierre.
Le kilomètre carré, plus rarement le myriamètre
carré, sont employés pour les très-grandes surfaces,
comme celles d'une province, d'un royaume. Le décamètre et l'hectomètre carrés ne servent pas, parce
qu'ils sont remplacés par d'autres unités équivalentes
qui sont l'are et l'hectare.

2° L'are.

322. *Qu'est-ce que l'are?* — L'are est un carré de
dix mètres de côté, en d'autres termes l'are est un
décamètre carré.

323. *Multiple et sous-multiple de l'are.* — L'are n'a
qu'un multiple, *l'hectare,* qui vaut cent ares, et qu'un
sous-multiple, le *centiare* ou centième d'are.

324. *Comparez l'hectare, l'are et le centiare aux
unités carrées.* — L'hectare est l'équivalent de l'hectomètre carré et vaut 10 000 mètres carrés ; l'are, ou
décamètre carré, vaut 100 mètres carrés ; le centiare
vaut un mètre carré.

325. *Y a-t-il des mesures réelles de surface?* — Il
n'y a pas de mesures réelles de surface. On mesure
les surfaces au moyen du mètre ou des autres mesures de longueur par des opérations dont l'ensemble
s'appelle *métrage* ou *arpentage* et dont nous dirons
quelques mots plus loin.

III. Mesures de volume.

326. *N'y a-t-il pas plusieurs unités principales de
volume ?* — Il y a deux unités principales de volume:
le *mètre cube,* unité principale pour des volumes
quelconques; le *stère,* unité principale pour le bois de
chauffage.

1° *Mètre cube.*

327. *Qu'est-ce que le mètre cube ?* — Le *mètre cube*
est l'étendue d'un solide régulier à six faces carrées

d'un mètre de côté, offrant la forme d'un dé à jouer ou d'une caisse à dimensions égales dans tous les sens. — Les côtés de chaque face s'appellent les *arêtes* du cube.

328. *Multiples et sous-multiples du mètre cube.* — Les multiples du mètre cube sont :

Le *myriamètre cube*, ou cube d'un myriamètre d'arête.

Le *kilomètre cube*, d'un kilomètre d'arête.

L'*hectomètre cube*, d'un hectomètre d'arête.

Le *décamètre cube*, d'un décamètre d'arête.

Les sous-multiples sont :

Le *décimètre cube*, d'un décimètre d'arête.

Le *centimètre cube*, d'un centimètre d'arête.

Le *millimètre cube*, d'un millimètre d'arête.

329. *Comparez les unités cubiques entre elles.* — Les unités cubiques sont de mille en mille fois plus petites. Par exemple, il y a mille décimètres cubes dans un mètre cube, mille centimètres cubes dans un décimètre cube, etc.; de même il y a mille mètres cubes dans un décamètre cube, mille décamètres cubes dans un hectomètre cube.

330. *Explication.* — La figure suivante fera comprendre pourquoi les unités cubiques sont de mille en mille fois plus petites. Elle représente un mètre cube dont la face inférieure est divisée en 100 décimètres carrés. Chaque décimètre carré est la base d'une colonne comme celle représentée à droite de la figure et qui se compose de 10 décimètres cubes superposés. Il y a donc dans la figure entière 100 fois dix décimètres cubes, ce qui fait mille décimètres cubes.

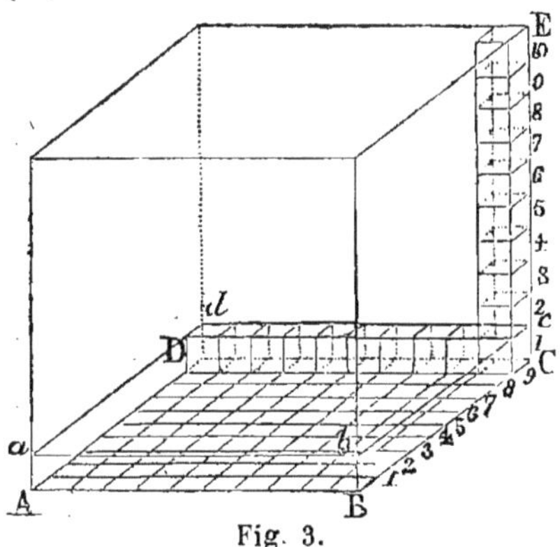

Fig. 3.

Si la figure entière représentait un décimètre cube, les petits cubes superposés seraient des centimètres cubes et on verrait qu'il y a mille centimètres cubes dans un décimètre cube. De même, pour les autres unités cubiques, on reconnaît que chacune est mille fois plus petite que celle immédiatement supérieure.

331. *Emploi des différentes unités cubiques.* — On emploie le mètre cube pour évaluer la maçonnerie, les terrassements, des amas de pierre, de sable, et aussi la grandeur d'un réservoir, la capacité d'une salle, etc. Les unités plus grandes servent pour évaluer des volumes très-considérables; par exemple, on emploie le kilomètre ou le myriamètre cube pour évaluer le volume de la terre entière. Des volumes petits, au contraire, s'apprécient au moyen des unités inférieures au mètre cube ; par exemple, on emploie le décimètre cube pour évaluer le volume d'une pierre de grosseur commune, le centimètre cube pour exprimer la contenance d'un flacon, le millimètre cube s'il s'agit d'objets précieux ou de dimensions très-petites.

2° Le stère.

332. *Qu'est-ce que le stère?* — Le *stère* est la solidité ou le volume d'un mètre cube.

333. *Multiple et sous-multiple du stère.* — Le stère n'a qu'un multiple, le *décastère*, et qu'un sous-multiple, le *décistère* ; ils sont peu usités.

334. *Comparer le décastère et le décistère aux unités cubiques.* — Quoique le stère soit la même chose, en étendue, que le mètre cube, le décastère et le décistère ne sont pas équivalents au décamètre et au décimètre cube : le décastère vaut dix mètres cubes, et le décistère un dixième de mètre cube.

335. *Quelles sont les unités réelles pour le bois de chauffage?* — Le stère est une unité réelle pour le bois de chauffage. La loi reconnaît en outre le double stère et le demi-décastère.

336. *Comment est formé le stère, mesure réelle pour le bois de chauffage?* — La figure suivante représente un stère. C'est un cadre de bois formé par deux montants éloignés d'un mètre et reposant sur une base horizontale appelée *sole*. Les montants s'élèvent à un mètre de hauteur si la longueur des bûches est d'un mètre ; mais si la longueur des bûches est de moins d'un mètre, ils s'élèvent plus haut, de manière que le volume déterminé par les montants et la sole soit bien d'un mètre cube.

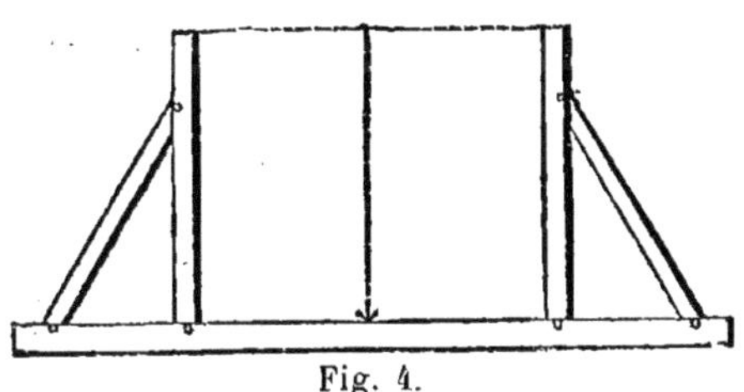
Fig. 4.

337. *Comment mesure-t-on les volumes en général?* — En général on mesure les volumes, ainsi que les surfaces, au moyen du mètre ou des autres unités de longueur. L'ensemble des opérations employées s'appelle *cubage*. Nous en parlerons en même temps que du *métrage*.

IV. MESURES DE CAPACITÉ.

338. *Quelle est la mesure principale de capacité?* — La mesure principale de capacité est le litre.

339. *Qu'est-ce que le litre?* — Le litre est la contenance ou capacité d'un décimètre cube.

340. *Unités secondaires de capacité.* — Les unités secondaires de capacité sont : l'*hectolitre*, le *décalitre*, — le *décilitre*, le *centilitre*.

341. *Emploi des différentes mesures de capacité.* — Ces mesures servent pour apprécier la quantité des liquides, comme l'eau, le vin, l'huile, etc., et des matières sèches, telles que les graines, les fruits, le charbon, etc. Elles servent également à exprimer la contenance d'un vase, d'un tonneau, d'une cuve, etc.

342. *Quelles sont les mesures réelles de capacité?* — Toutes les mesures de capacité depuis le centilitre jusqu'à l'hectolitre, sont des mesures réelles ; de même leurs doubles et leurs moitiés, excepté le demi-

8.

centilitre. Ces mesures ont toutes la forme cylindrique, comme les deux suivantes :

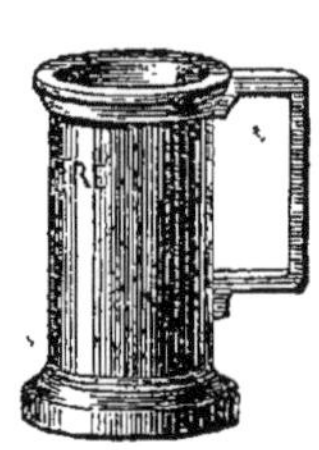

Fig. 5.

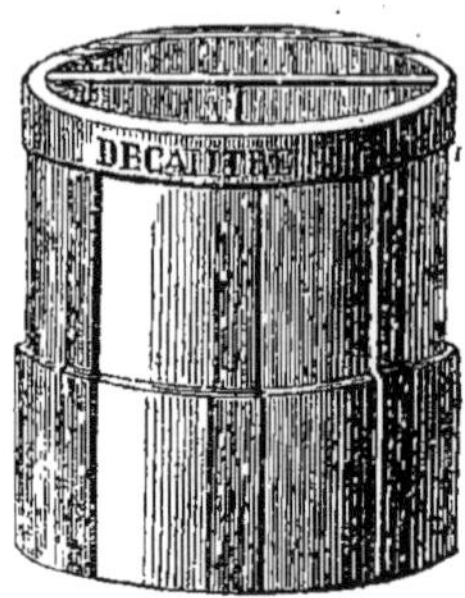

Fig. 6.

V. Unités de poids.

343. *Quelle est l'unité principale de poids ?* — L'unité principale de poids est le *gramme*.

344. *Qu'est-ce que le gramme ?* — Le gramme est le poids d'un centimètre cube d'eau pure, prise à la température où l'eau pèse le plus.

345. *Explication.*—L'eau froide pèse plus que l'eau chaude. Cependant ce n'est pas lorsque l'eau est à la température la plus froide qu'elle pèse le plus ; c'est lorsqu'elle est à un certain degré de température un peu au-dessus de celle de la glace fondante. La glace fond à zéro degré de température et l'eau bout à 100 degrés. Or, c'est à 4 degrés que l'eau pèse le plus ; c'est donc à 4 degrés de température que l'on a pesé l'eau pour faire le gramme.

Il faut remarquer en outre que l'eau pure dont il est ici question n'est pas l'eau telle qu'on la prend dans les puits ou les rivières, mais mieux l'eau de pluie ou une eau purifiée qu'on appelle *eau distillée.*

346. *Unités secondaires de poids.* — Les unités secondaires de poids sont : le *kilogramme*, l'*hecto-gramme*, le *décagramme*, — le *décigramme*, le *centigramme*, le *milligramme*.

347. *Qu'est-ce qu'un quintal métrique ? Qu'est-ce qu'une tonne ?* — Le poids de 100 kilogrammes s'appelle un *quintal métrique*, et le poids de 1000 kilogrammes une *tonne*.

348. *Quel est le poids d'un litre d'eau ?* — Un litre d'eau pèse un kilogramme.

349. *Quelles sont les unités réelles de poids ?* — Ce sont, à partir du milligramme, chaque unité, son double et sa moitié (excepté le demi-milligramme) jusqu'au kilogramme inclusivement, puis au-dessus du kilogramme, les poids de 2 kilog., 5 kilog., 10 kilog., 20 kilog. et 50 kilog. ou demi-quintal.

Ces poids sont en fonte ou en cuivre et de différentes formes. Chacun porte un chiffre qui indique sa valeur. L'usage apprend à les connaître.

Les figures suivantes représentent le gramme, en cuivre, grandeur réelle, puis le kilogramme, grandeur réduite, en fonte et en cuivre, enfin le décigramme et le centigramme qui sont de simples lames, ordinairement en cuivre.

Fig. 7.
Gramme.

Fig. 8.
Kilogramme.

Fig. 9.
Centigramme, Décigramme.

VI. Monnaies.

350. *Quelle est l'unité principale de monnaie ?* — L'unité principale de monnaie est le franc.

351. *Qu'est-ce que le franc ?* — Le franc est la valeur d'une pièce de monnaie pesant 5 grammes et composée d'argent allié au cuivre dans le rapport de 9 dixièmes d'argent contre 1 dixième de cuivre.

352. *Unités secondaires de monnaie.* — Les unités secondaires de monnaie sont : le *décime* ou dixième de franc, et le *centime* ou centième de franc. Mais le décime est peu employé : au lieu de dire, par exemple, 2 décimes, on dit habituellement 20 centimes.

On emploie aussi quelquefois le *millime* ou mil-lième de franc.

353. *Différentes sortes de monnaies employées en France.* — Il y a trois sortes de monnaies employées en France : monnaie d'argent, monnaie d'or, monnaie de bronze.

354. *Quelles sont les différentes pièces d'argent en usage ?* — Les pièces d'argent sont de 20 centimes, 50 centimes, 1 fr., 2 fr. et 5 fr. On trouve encore quelques pièces de 25 centimes, lesquelles sont reçues dans le commerce pour 20 centimes.

355. *Quelles sont les différentes pièces d'or ?* — Il y a, d'après la loi, des pièces d'or de 5 fr., 10 fr., 20 fr., 50 fr. et 100 fr. — On trouve aussi quelques pièces d'or de 40 fr., mais on n'en fabrique plus.

356. *Qu'appelle-t-on titre des monnaies d'or ou d'argent ?* — On appelle *titre* d'une monnaie d'or ou d'argent la quantité d'or ou d'argent pur qui entre dans cette monnaie. Par exemple, si l'or ou l'argent qui entre dans une pièce est les 900 millièmes du poids de la pièce, on dit que la pièce est au titre de 0,900.

357. *Quel est le titre actuel des monnaies ?* — Le titre de toutes les monnaies d'or est de 0,900. La pièce de 5 fr. en argent est aussi au titre de 0,900. Les autres pièces d'argent, y compris le franc, sont depuis 1864 au titre de 0,835 seulement. Cela n'empêche pas toutefois que le franc, comme unité principale de monnaie existant de nom, ne soit toujours ce que nous l'avons défini plus haut.

358. *Quelles sont les monnaies étrangères fabriquées au titre de 835 millièmes d'argent fin ?* — La Belgique, l'Italie, la Suisse, la Grèce ont, d'après une convention faite avec la France, adopté, pour leurs monnaies divisionnaires de 2 fr. et au-dessous, le même titre de 0,835. Les monnaies pontificales ou monnaies du Pape ont aussi, en argent, la même valeur que les mêmes monnaies françaises.

359. *Quelle est la valeur de l'or par rapport à l'ar-*

gent? — L'or vaut quinze fois et demie plus que le même poids d'argent.

360. *Quelles sont les différentes pièces de bronze?* — Les pièces de bronze sont de 1 centime, 2 centimes, 5 centimes et 10 centimes.

361. *Quelle est la composition des pièces de bronze?* — Le bronze employé dans les monnaies est un alliage de cuivre et d'une petite quantité d'étain et de zinc. (Le cuivre y entre pour 95 centièmes du poids total.)

362. *Quel est le poids des différentes monnaies ?* —Les pièces d'argent pèsent autant de fois 5 grammes qu'elles valent de francs. Les pièces d'or pèsent 15 fois et 1/2 moins que si elles étaient de même valeur en argent. — Les pièces de bronze pèsent autant de grammes qu'elles valent de centimes.

363. *Tolérance de poids et tolérance de titre.* – Les pièces de monnaie ne pèsent pas toujours très-exactement le poids taxé par la loi, et le titre peut différer aussi du titre prescrit. On tolère une certaine différence très-petite appelée *tolérance de poids* ou *tolérance de titre* et qui dépend de l'espèce des pièces.

364. *Emploi des différentes pièces de monnaie pour les pesées.* — Les pièces d'argent et de bronze peuvent servir à peser des objets peu considérables. Par exemple, une lettre affranchie d'un timbre de 25 centimes devant peser au plus 10 grammes, peut être pesée avec une pièce de 2 fr. en argent ou de 10 centimes en bronze.

365. *Emploi des pièces de bronze pour la mesure des petites longueurs?* — Le diamètre des pièces de 5 centimes est de 25 millimètres. Avec quatre pièces de 5 centimes on aura donc la longueur de 100 millimètres ou 1 décimètre.

Numération des nombres du système métrique.

366. 1re Règle. — COMMENT ON ÉCRIT LES NOMBRES DU SYSTÈME MÉTRIQUE (excepté les nombres de mètres carrés ou de mètres cubes avec leurs multiples et leurs sous-multiples). — Les différentes mesures d'une même espèce, par exemple toutes les mesures de longueur, étant de dix en dix fois plus petites, on les écrit simplement comme des unités décimales ordinaires les unes à la suite des autres, en remplaçant par des zéros celles qui manquent. On met la virgule décimale après l'espèce d'unité que, d'après l'observation du n° 308, (p. 134), on a choisie pour unité principale dans le nombre qu'on doit écrire. Quelquefois, lorsque des espèces d'unités sont de grandeurs trop éloignées les unes des autres, on les sépare dans l'écriture.

367. *Abréviation des noms des différentes unités dans les nombres du système métrique.* — Les noms des différentes unités s'abrègent ordinairement au moyen des lettres initiales suivantes : *m* signifie mètre, *a* are, *st* stère, *l* litre, *g* gramme, *f* franc. Les mots *carré*, *cube*, s'abrègent souvent par la même lettre *c* pourvu que l'on sache d'avance s'il s'agit du mètre carré ou du mètre cube; autrement, *mètre carré* s'abrège par *mq* et mètre cube par *mc*. Les mots *myria*, *kilo*, *hecto*, etc., s'écrivent habituellement en toutes lettres. On peut les abréger aussi par les initiales M, K, H, D, d, c, m ; par exemple, *kilomètre* s'écrit Km, *décamètre* Dm, *décimètre* dm.

368. *Exemples d'écriture des nombres du système métrique.* — (Dans ces exemples, l'espèce d'unité choisie pour unité principale, est imprimée en caractères majuscules).

1er Ex. — 25 MÈTRES 34 millimètres s'écrit : 25^m,034.

2e Ex. — Zéro LITRE 4 centil., ou simplement 4 centil. (sachant d'avance que le litre est pris pour unité), s'écrit : 0^l,04.

3e Ex. — 38 KILOM. 4 hectom. 2 mètres, s'écrit : 38^{kilom},402 ou 38^{Km},402.

4e Ex. — 8 HECTOL. 13 litres, s'écrit : 8^{hectol},13 ou 8^{Hl},13.

5e Ex. — 8 hectol. 13 LITRES (même nombre que le précédent en prenant le litre pour unité), s'écrit : 813^l.

6e Ex. — 0 KILOGR. 75 grammes, ou simplement 75 gr. (sachant d'avance que le kilog. est pris pour unité), s'écrit : 0^{kilog},075 ou 0^{Kg},075.

7e Ex. — 15 hectares 8 ares 25 centiares, s'écrit :

15^{Ha},08^a,25^{ca} (On sépare ainsi habituellement les hectares, les ares et les centiares).

8e Ex. — 2 hectog. 4 GRAMMES 8 décig., s'écrit : 204^g,8.

9e Ex. — 2 HECTOGR. 4 gr. 8 décig. (même nombre que le précédent, en ne prenant pas la même unité), s'écrit: 2^{hectog},048 ou 2^{hectog},04^g,8.

10e Ex. — 3 décag. 4 décig. (le gramme étant l'unité), s'écrit : 30^g,4.

11e Ex. — 1 kilogr. 5 décag. (le gramme étant l'unité), s'écrit : 1050^g.

12e Ex. — 8 MILLIM. 6 dixièmes, s'écrit : 8^{millim},6 ou 8^{mm},6.

13e Ex. — 2 GR. 15 millig. 6 centièmes (de millig.), s'écrit : 2^g,01506 ou 2^g,015^{mg},06.

14e Ex. — 25 MÈTRES CARRÉS 5 centièmes, s'écrit : 25$^{m·carr·}$,05 ou 25^{mq},05.

15e Ex. — 3 mètres cubes 519 millièmes, s'écrit : 3$^{m·cub·}$,519 ou 3^{mc},519.

16e Ex. — 50 KILOM. CARRÉS 8 dixièmes (de kilomètre carré), s'écrit : 50$^{kilom·carr·}$,8 ou 50^{Kmq},8.

17e Ex. — 15 HECTOM. CUBES 75 millièmes, s'écrit : 15$^{hectom·cub·}$,075 ou 15^{Hmc},075.

369. 2e RÈGLE. — COMMENT ON LIT LES NOMBRES DU SYSTÈME MÉTRIQUE (excepté les mètres carrés et les mètres cubes avec leurs multiples et leurs sous-multiples). — On lit la partie à gauche de la virgule comme si c'était un nombre entier, en disant le nom de l'unité que le dernier chiffre représente ; puis on lit la partie à droite en disant aussi à la fin le nom de la dernière unité. Il est bon ordinairement, lorsque les unités représentées par différents chiffres sont de grandeurs trop éloignées les unes des autres, de partager le nombre qui précède ou qui suit la virgule en plusieurs nombres qu'on lit séparément. A défaut des termes ordinaires du système métrique, on dit *dixième, centième, millième*, etc.

370. *Exemples.* — 1er Ex. — 34^m,052 se lit : 34 mètres 52 millimètres.

2e Ex —0^m,2, se lit: zéro mètre 2 centimètres, ou simplement 2 centimètres.

3e Ex. — 25^{hectol},04, ou 25^{hl},04, se lit : 25 hectolitres 4 litres.

4e Ex. — 25^{hecta},04, ou 25^{Ha},04, se lit : 25 hectares 4 ares.

5e Ex. — 3^{myriam},36, ou 3M^m,36, se lit : 3 myriamètres 36 hectomètres.

6e Ex. — $4^{kilog},2463$, ou $4^{Kg},2463$, se lit : 4 kilogrammes 2463 décigrammes, ou, mieux, 4 kilogrammes, 246 grammes, 3 décigrammes.

7e Ex. — $5^{hecta},00^a,25$, ou $5^{Ha},00^a,25$, se lit : 5 hectares 25 centiares.

8e Ex. — $0^{kilom},4358$, ou $0^{Km},4358$, se lit : 435 mètres 8 décim.

9e Ex. — $55^{millim},4$, ou $55^{mm},4$, se lit : 55 millimètres 4 dixièmes.

10e Ex. — $8^g,81465$, se lit : 8 grammes 814 millig. 65 centièmes (de milligramme).

11e Ex. — $2^{m\cdot carr\cdot},031$, ou $2^{mq},031$, se lit : 2 mètres carrés 31 millièmes (de mètre carré).

12e Ex. — $8^{kilom\cdot carr\cdot},04$, ou $8^{Kmq},04$, se lit : 8 kilom. carrés 4 centièmes (de kilomètre carré).

13e Ex. — $4^{m\cdot cub\cdot},25$, ou $4^{mc},25$, se lit : 4 mètres cubes 25 centièmes.

14e Ex. — $30^{hectom\cdot cub\cdot},056$, ou $30^{Hmc},056$, se lit : 40 hectomètres cubes 56 millièmes.

371. *Remarque sur l'écriture et la lecture des nombres de mètres carrés ou de mètres cubes.* — Habituellement on n'a pas à écrire ou à lire les nombres de mètres carrés ou de mètres cubes autrement que dans les exemples qui précèdent; c'est-à-dire qu'après l'unité adoptée on exprime des dixièmes, des centièmes, des millièmes et non des unités multiples ou sous-multiples du mètre carré ou du mètre cube. Ce que nous avons dit suffit donc pour les usages de la vie. Il importe seulement de se rappeler les notions des n°s 318 et 329 (p. 136 et 139), d'après lesquelles on ne doit pas confondre les décimètres, centimètres, millimètres carrés ou cubes avec les dixièmes, centièmes, millièmes de mètre carré ou cube.

372. 3e Règle. — Changement de l'unité dans les nombres du système métrique. — Dans les nombres du système métrique, il arrive souvent qu'on a besoin de changer l'unité principale. Pour cela, il suffit, après avoir ajouté, au besoin, des zéros à droite ou à gauche du nombre déjà écrit, de déplacer la virgule et de la mettre après l'unité qu'on veut adopter. — S'il s'agit d'un nombre d'hectares, ares et centiares, à changer en mètres carrés ou *vice versa*, on se rap-

pellera (n° 324, p. 138) que le centiare est la même chose que le mètre carré.

373. *Exemples*. — 1er Ex. — Le nombre 4kilom,5635 peut s'écrire, en prenant le mètre pour unité : 4563m,5.

2e Ex. — 455gr, en prenant le kilogramme pour unité, s'écrit : 0kilog,455.

3e Ex. — 8l, en prenant l'hectolitre pour unité, s'écrit : 0hectol,08.

4e Ex. — 0kilom,025, en prenant le mètre pour unité, s'écrit : 25m.

5e Ex. — 3hectol, en prenant le litre pour unité, s'écrit : 300l.

6e Ex. — 45décim., en prenant le mètre pour unité, s'écrit : 4m,5.

7e Ex. — Le nombre 84508 mètres carrés peut être changé en un nombre d'hectares, ares et centiares. Pour cela, partageant le nombre en tranches de deux chiffres chacune en commençant par la droite, on écrira 8hecta,45a,08ca.

8e Ex. — Le nombre 562m·carr·,4 pourra se changer en 5a62ca,4. (On néglige habituellement les dixièmes de centiare).

9e Ex. — 2hecta,04a,03ca se changera en 20403 mètres carrés.

10e Ex. — 1hecta,25a se changera en 12500 mètres carrés.

Opérations sur les nombres du système métrique.

374. 4e RÈGLE. — Les nombres du système métrique sur lesquels on veut opérer étant écrits d'une manière convenable, d'après la règle du n°.366, on opère sur ces nombres comme sur des nombres décimaux ordinaires.

375. *Exemples*. — 1er EXEMPLE. — Soit à additionner les trois nombres suivants : 4 kilogr. 15 gr.+ 25 kilog. 13 décag. + 6 hectog. 8 gr. 9 décigrammes (le kilogramme, dans ces trois nombres, étant adopté pour unité).

Opération.   4kg,015
           25 ,13
            0 ,6089

Somme.   29kg,7539 ou 29 kilog. 753 gr. 9 décig.

9

2ᵉ EXEMPLE. — Soustraire 775 gr. de 3 kilog. 5 hectog.

Opération.   3,5
           0,775
           ————

Reste.   2,725   ou   2 kilog. 725 gr.

375 bis. Problèmes sur les nombres du système métrique. — Exemples. — 1ᵉʳ EXEMPLE. — Quel est le prix de 75 centimètres d'étoffe à 3 fr. 50 le mètre ?

Opération.   0,75   *Explication.* — On
           3,50   écrit dans l'opération
           ————   0,75 en prenant le mè-
           3750   tre pour unité, parce
           225   que le prix de l'étoffe
           ————   est fixé au mètre.
           2,6250

Réponse. — 2 fr. 62 c., ou, en nombre rond, 2 fr. 60 c.

Remarque. — On néglige, dans ce résultat, les 50 centièmes de centime. Et même dans le commerce on n'admet généralement que des nombres de centimes terminés par 0 ou par 5, négligeant les centimes en plus. Ici, par exemple, on n'aurait à payer que 2 fr. 60 c.

2ᵉ EXEMPLE. — On a payé 10 fr. 75 pour 725 grammes d'une certaine marchandise. A combien revient le kilogramme ?

Opération.   10,750 | 0,725
                | ————
                | 14,82   (avec 550 pour reste.)

Explication. — Pour poser l'opération on a pris le kilogramme pour unité, parce que c'est le kilogramme qui est l'unité adoptée dans l'énoncé de la question. On a d'ailleurs divisé le prix par la quantité de la marchandise comme s'il s'était agi d'une question de nombres entiers.

Réponse. — Le kilogramme revient à 14 fr. 82 c. (près de 14 fr. 83).

3ᵉ EXEMPLE. — Combien coûteront 15 mètres cubes et demi de maçonnerie à 8 fr. le mètre cube ?

Solution. — Le demi mètre cube étant réduit en fraction décimale, on multiplie 15,5 par 8. Le produit est 124.

Réponse. — 124 fr.

4ᵉ EXEMPLE. — 25 ares de terrain ont été payés 4800 fr. A combien revient le mètre carré ?

Solution. — Pour résoudre cette question, il faut d'abord se rappeler, d'après le nᵒ 324, p. 138, qu'un are vaut 100 mètres carrés. 25 ares valent donc 2500 mètres carrés. On a donc à calculer le prix d'un mètre carré, sachant que 2500 mètres carrés ont coûté 4800 fr. Pour cela, il faut évidemment faire une division.

Opération. 4800 | 2500
____
1,92 (exactement).

Réponse. — Le mètre carré revient à 1 fr. 92 c.

Exercices sur les nombres du système métrique.

On prendra pour unité de chaque nombre l'espèce d'unité imprimée en caractères majuscules.

I. Nombres a écrire.

(Voy. 1ʳᵉ règle, nᵒˢ 366, 367, p. 145.)

1° D'après les deux premiers exemples, n° 368, p. 146.

563. 5 MÈTRES 3 décim.; — 8 LITRES 45 centil.; — 12 GRAMMES 3 centig.
564. 8 MÈTRES 145 millim.; — 8 GRAMMES 15 millig.; — 7 STÈRES 3 décist.
565. 29 FRANCS 45 centimes; — 3 FR. 4 centimes; — 3 MÉT. 4 millim.
566. 50 GR. 8 millig.; — 3 FR. 2 centimes; — 2 MÈT. 3 millim.
567. 0 MÈT. 45 centim.; — 0 FR. 5 centimes; — 0 LIT. 8 centil.
568. 25 millig. (le GR. étant l'unité); — 25 centimes (le FRANC étant l'unité); — 9 centilitres (le LITRE étant l'unité).

2° D'après les huit premiers exemples, p. 146.

569. 8 HECTOL. 3 décal. 2 lit.; — 14 KILOM. 9 hectom.; — 4 KILOM. 65 décamètres.
570. 5 MYRIAM. 8 kilom.; — 25 KILOM. 9 hectom.; — 4 KILOM. 65 décam.
571. 4 HECTOL. 8 lit.; — 35 HECTOL. 4 décal.; — 80 HECTOL. 3 lit.
572. 8 DÉCAST. 3 stères; — 8 HECTOL. 7 lit.; — 5 HECTOG. 45 gr.
573. 0 KILOM. 8 hectom. 25 mèt.; — 0 HECTOL. 80 lit.; — 0 HECTOG. 75 gr.

574. 650 mètres (le KILOM. étant l'unité); — 45 gr. (le KILOG. étant l'unité) ; — 8 litres (l'HECTOL. étant l'unité).

575. 6 décag. 2 GR. 3 décig.; — 1 hectare 29 ARES 8 centiares ; — 3 hectog. 8 GR. 3 centig.

576. 8 HECTARES 15 ares 25 centiares ; — 9 DÉCAL. 3 l. 25 centil.; — 8 DECAM. 2 m. 5 décim.

3° *D'après les 9ᵉ, 10ᵉ et 11ᵉ exemples*, p. 147.

577. 8 hectom. 4 décim. (le MÈTRE étant l'unité); — 25 décam. 34 centim. (le MÈTRE étant l'unité) ; — 1 kilom. 9 décim. (le MÈTRE étant l'unité).

578. 8 kilog. 5 décag. 9 centig. ; — 4 hectog. 9 décig. ; — 8 décag. 55 centig. (le GR. étant l'unité).

579. 3 hectolitres ; — 3 hectol. 2 décal.; — 5 décal. (le LITRE étant l'unité).

580. 4 kilog. (le GR. étant l'unité) ; — 5 kilom. 4 hectom. (le MÈTRE étant l'unité) ; — 8 décastères (le STÈRE étant l'unité).

4° *D'après les exemples* 12 à 17, *p.* 147.

581. 6 milligr. 5 dixièmes ; — 45 millimètres 25 centièmes ; — 0 milligr. 9 centièmes.

582. 8 kilomètres 5 centièmes; — 8 hectogr. 8 dixièmes ; 7 décilitres 4 dixièmes.

583. 8 FR. 4 centimes 2 dixièmes ; — 8 GR. 5 millig. 4 centièmes ; — 0 LIT. 40 centil. 8 centièmes.

584. 8 décag. 3 GR. 40 millig. 5 centièmes ; — 45 CENTIMES 12 centièmes ; — 3 centimètres 3 MILLIM. 3 centièmes.

585. 2 mètres carrés 8 dixièmes ; — 55 m. cub. 3 centièmes ; — 0 m. carr. 8 millièmes.

586. 2 kilom. carr. 25 centièmes ; — 8 hectom. cub. 45 millièmes ; — 25 hectom. carr. 13 millièmes.

II. NOMBRES A LIRE.

(Voy. 2ᵉ règle, n° 369, p. 147.)

1° *D'après les deux premiers exemples*, n° 370, p. 147.

587. $9^m, 3$; — $19^l, 44$; — $25^g, 045$; — $45^{st}, 8$.
588. $0^m, 025$; — $0^g, 86$; — $0^f, 25$; — $0^f, 4$ ou $0^f, 40$.

2° *D'après les 3ᵉ, 4ᵉ et 5ᵉ exemples*, p. 147.

589. $3^{kg}, 4$; — $3^{Mm}, 4$; — $80^{Hl}, 05$; — $9^{Dst}, 5$.

590. 8^{Hm}, 94 ; — 5^{Hg}, 2 ; — 8^{Km}, 913 ; — 7^{Dl}, 8.
591. 9^{Ha}, 25 ; — 18^a, 03 ; — 8^{Hl}, 45 ; — 9^{Mm}, 45.

3° D'après les 6°, 7° et 8° exemples, p. 148.

592. 2^{Hg}, 434 ; — 7^{Dl}, 88 ; — 8^{Km}, 0358 ; — 7^{Hl}, 0989.
593. 9^{Ha}, 9567 ; — 9^{Hg}, 6788 ; — 7^{Km}, 0434 ; — 7^{Dst}, 84.
594. 3^{Ha}, 0025 ; — 0^{Ha}, 0409 ; — 8^{Hm}, 047 ; 0^{Hl}, 0304.

4° D'après les exemples 9 à 14, p. 148.

595. 8^{mm}, 04 ; — 64^{cl}, 5 ; — 18^{mg}, 4 ; — 7^{mm}, 47.
596. 6^m, 4156 ; — 8^g, 5125 ; — 25^f, 045, — 3^g, 0254.
597. 0^{dm}, 4517 ; — 0^{dg}, 025 ; — 0^f, 005 ; — 2^{om}, 45.
598. 8^{mq}, 4 ; — 2^{mc}, 5 ; — 15^{mq}, 25 ; — 80^{mc} 015.
599. 4^{Hmq}, 6 ; — 8^{Hmc}, 45 ; — 95^{Kmq}, 8 ; — 20^{Dmc}, 045.

III. CHANGEMENT D'UNITÉ.

(Voy. 3e règle, no 372, p. 148.)

1° D'après six premiers exemples, no 373, p. 149.

600. Ecrire les nombres suivants en prenant le gramme pour unité : 128 hectog. 5436 ; — 8 décag. 45 ; — 42 hectog. 4567 ; — 245 décag. 4 ; — 80 hectog. 8.

601. Ecrire les mêmes nombres en prenant le kilog. pour unité.

602. Ecrire, en prenant le litre pour unité : 8 hectol. 455 ; — 8 décal. 56 ; — 4 décal. 2 ; — 0 hectol. 275 ; — 4 hectol. 25.

603. Ecrire, en prenant l'hectol. pour unité : 25 l. ; — 4 l. 4 ; — 3 décal. 4 ; — 0 l. 5 ; — 0 décal. 8.

604. Ecrire, en prenant le gramme pour unité : 45 décig. ; — 4760 millig. ; — 704 centig. ; — 47 millig. ; — 8 décig.

2° D'après les quatre derniers exemples, p. 149.

605. Changer en nombres d'hectares, ares et centiares, les nombres suivants de mètres carrés : 45675 ; — 150470 ; — 2545 ; — 5403 ; — 95 ; — 46731 ; — 407,8 ; — 203,08.

605 *bis.* Changer en nombres de mètres carrés les nombres suivants d'hectares, ares et centiares : 45 a. 25 ca. ; — 2 hecta. 03 a. 32 ca. ; — 1 hecta. 25 a. ; — 25 hecta. 03 a. ; — 2 a. 31 ca. 9 ; — 45 ca. 27.

Questions diverses sur le système métrique.

606. Combien de litres dans un décalitre ? dans un hectolitre ?

607. Combien de centigrammes dans un décigramme ? dans un gramme ? dans un hectogramme ?

608. Combien de millimètres dans un mètre ? dans un décimètre ? dans un centimètre ?

609. Combien de décamètres dans un hectomètre ? dans un kilomètre ? dans un myriamètre ?

610. Combien de mètres carrés dans un décamètre carré ? dans un hectomètre carré ? dans un kilomètre carré ?

611. Combien de mètres cubes dans un décamètre cube ? dans un hectomètre cube ? dans un kilomètre cube ?

612. Combien de millimètres carrés dans un centimètre carré ? dans un millimètre carré ?

613. Combien de dixièmes de mètre carré dans un mètre carré ? Combien de centièmes ? Combien de millièmes ?

614. Combien de décimètres carrés dans un mètre carré ? Combien de centimètres carrés ? Combien de millimètres carrés ?

615. Combien de dixièmes de mètre cube dans un mètre cube ? Combien de centièmes ? Combien de millièmes ?

616. Combien de décimètres cubes dans un mètre cube ? Combien de centimètres cubes ? Combien de millimètres cubes ?

617. Combien de millimètres cubes dans un centimètre cube ? dans un décimètre cube ?

618. Quel rapport entre l'hectomètre carré et l'hectare, entre le décamètre carré et l'are, entre le mètre carré et le centiare ?

619. Combien de mètres carrés dans un are ? Combien de de mètres carrés dans un hectare ?

620. Quelle différence entre dix mètres carrés et un décamètre carré ?

621. Quelle différence entre un décamètre cube et dix mètres cubes ?

622. Combien de décimètres carrés dans un dixième de mètre carré ?

623. Combien de décimètres cubes dans un dixième de mètre cube ?

624. Combien d'ares dans un hectomètre carré ?

625. Combien de litres dans un mètre cube ?

626. Quel est le poids d'un centimètre cube d'eau ? d'un décimètre cube ?

627. Quel est le poids d'un mètre cube d'eau ?
628. Quel est le poids de 200 fr. en argent ?
629. Quel est le poids de la même somme en or ?

Problèmes.

(Voy. n°ˢ 374 à 375 *bis* p. 149 et 150).

630. Quel est le poids total de deux caisses pesant, l'une 25 kilog. 450, l'autre 18 kilog. 750?

631. Une caisse de sucre pèse 50 kilog. 451, la caisse vide 4 kilog. 57. Quel est le poids du sucre ?

632. Un voyageur a fait le premier jour 4 kilom. 5 de chemin ; le second jour 70 kilom. 4 ; le troisième jour 65 kilom. 8. Combien a-t-il fait de kilomètres ?

633. On a acheté une première fois 75 hectol. 35 de vin, une seconde fois 41 hectol. 20, une troisième fois 25 hectol. 18. Combien a-t-on acheté de vin en tout ?

634. On a acheté 25 hectol. 4 de vin à 15 fr. 50 l'hectolitre. Quel est le prix total ?

635. Combien coûtent 3 kilog. 5 de sucre à 1 fr. 40 le kilogramme ?

636. Combien coûtent 21 m. 45 d'étoffe à 2 fr. 25 le mètre ?

637. Le transport de 81 kilog. de marchandises a coûté 6 fr. 50. A combien revient le transport par kilogramme ?

638. 25 m. 40 de toile ont coûté 67 fr. Quel est le prix du mètre ?

639. Combien paiera-t-on pour 50 m. et demi de toile à 3 fr. 25 le mètre ?

640. On a acheté 8 kilog. 50 gr. de sucre ; on en a consommé 3 kilog. 150 gr. Combien en reste-t-il?

641. Une pièce de toile mesurait une longueur de 25 m. 40 c.; on en a employé 13 m. 5 cm. Combien en reste-t-il ?

642. Combien paiera-t-on pour 375 kilom. de parcours en chemin de fer, à 25 c. le kilomètre ?

643. On a payé à un maçon 164 fr. pour 20 m. cub. 5 de maçonnerie. A combien revient le mètre cube?

644. 40 m. carr. 8 de terrain ont été vendus 142 fr. 40. Combien vaut le mètre carré ?

645. Une route de 41 kilomètres de longueur a coûté 870 fr. le kilomètre. Combien a-t-il fallu payer pour la route entière ?

646. Combien coûtent 50 douzaines d'œufs à 65 centimes la douzaine ?

647. Combien coûtent 25 douzaines et demie de fromages à 1 fr. 80 la douzaine ?

648. On a fait chez un épicier trois achats de sucre : le premier de 3 kilog., le second de 5 hectog., le troisième de 90 gr. Combien de sucre en tout a-t-on acheté?

649. Une locomotive a fait quatre voyages : le premier, de 290 kilom. 3 décam.; le second, de 157 kilom. 80 m.; le troisième, de 99 kilom. 4 hectom.; le quatrième, de 108 kilom. 13 décam. Quel est le parcours total effectué par la locomotive en ces quatre voyages ?

650. Un marchand de blé a vendu à plusieurs personnes les quantités suivantes: 43 hectol. 2 décal.; 8 hectol. 5 décal.; 200 hectol.; 750 décal. Quelle a été sa vente totale ?

651. On a acheté 25 kilog. 3 hectog. de sucre ; on a payé 10 kilog. 500 gr. Combien reste-t-il à payer ?

652. Il y a entre deux stations de chemin de fer 25 kilom. 55 mètres. Une station intermédiaire est à 10 kilom. 500 m. de l'une d'elles. A quelle distance est-elle de l'autre ?

653. On a récolté, dans plusieurs vignes, différentes quantités de vin : dans une première 45 hectol. 20 lit., dans une seconde 25 hectol. 4 lit., dans une troisième 8 hectol., et dans une quatrième 325 lit. Combien en tout?

654. Une propriété à vendre se compose : 1° de deux champs, l'un de 4 hectares 25 ares 9 centiares, l'autre de 7 hectares 4 ares 50 centiares ; 2° d'un jardin de 75 ares 8 centiares ; 3° d'une maison d'habitation et d'une cour occupant ensemble 30 ares 25 centiares. Quelle est l'étendue totale de la propriété ?

655. Un marchand de bois a acheté à un propriétaire 38 décastères 5 stères de bois, à un autre 25 stères, à un troisième 45 décastères. Combien a-t-il acheté de bois en tout ?

656. Un vase plein d'huile pèse 11 kilog.; le vase seul pèse 890 gr. Quel est le poids de l'huile ?

657. D'un pain de sucre pesant 9 kilog. on a ôté 4 kilog. 4 hectog. Combien reste-t-il du pain de sucre?

658. Une lampe qu'on a remplie d'huile pèse, avant de l'allumer, 1 kilog. 25 gr. Une heure après elle ne pèse plus que 983 grammes. Combien a-t-elle consommé d'huile en une heure ?

659. Quel est le poids total d'une caisse où l'on a mis quatre paquets du poids de 5 kilog. 5 hectogr., 0 kilog. 400 gr., 1 kilog. 3 hectog., 8 hectog. 9 gr., la caisse vide pesant 3 kilog. 4 décag. ?

660. Un grenier peut contenir 80 hectolitres de grain. On y en a mis 220 décalitres. Combien peut-on encore en mettre ?

661. D'un baril contenant 2 hectolitres on a tiré 75 litres de vin. Combien en reste-t-il ?

662. Combien coûtent 35 kilog. 15 gr. de marchandise à 3 fr. le kilogramme ?

663. Quel est le prix total de 8 hectol. 50 de vin à 21 fr. l'hectolitre ?

664. 18 hecta. 60 ares de terre ont coûté 25234 fr. A combien revient l'hectare ?

665. L'hectolitre de vin coûte 25 fr. 50. Combien devra-t-on payer pour un achat de 12 hectol. 45 litres ?

666. Si l'on paie 6 centimes par kilomètre et par kilogramme pour le transport d'une marchandise par le chemin de fer, combien paiera-t-on pour 50 kilog. transportés à une distance de 180 kilom.?

667. Un stère de bois coûte 7 fr. Combien coûteront 25 décastères ?

668. Quel est le prix total de 25 hectol. 3 décal. de blé à 21 fr. 50 l'hectolitre ?

669. Une propriété est composée de 84 hecta. 25 a. 63 ca. de terres labourables, de 95 ares de vignes, de 3 hecta. 4 a. 75 ca. de prés, de 6 hecta. 40 a. de bois, de 67 a. 45 ca. de jardins : les terres labourables sont estimées 2000 fr., les bois 1800 fr., les bâtiments avec cour valent ensemble 26000 fr. Combien vaut la propriété entière?

670. Quel est le prix de 10 kilog. et demi de marchandise à 2 fr. 25 le kilogramme ?

671. 8 hectol. 55 l. de vin ont coûté 65 fr. A combien revient le litre ?

672. 25 l. 5 d'eau-de-vie ont coûté 45 fr. Combien coûte l'hectolitre ?

673. 4 hecta. 25 a. de terre ont été vendus 2200 fr. l'hectare. Combien le tout ?

674. Combien coûtent 40 m. 60 d'étoffe à 2 fr. 25 le mètre?

675. 45 m. 65 d'étoffe ont coûté 78 fr. 15. Combien le mètre ?

676. On a acheté 12 hectol. et demi de vin à 15 fr. 50 l'hectolitre. On revend le tout 230 fr. Combien gagne-t-on par hectolitre ?

677. On a payé 850 fr. sur un achat de 508 décal. de blé à 22 fr. l'hectolitre. Combien reste-t-il à payer ?

678. Quel est le prix de 44 hectol. de blé à 2 fr. 10 le décalitre ?

679. Combien coûte un pain de 5 kilog., le pain se vendant 32 centimes le kilogramme?

680. Quel est le prix de 4 kilog. 5 décag. de sucre à 1 fr. 40 le kilogramme ?

681. Un pain de sucre de 8 kilog. 5 a coûté 11 fr. 05. Combien coûte le kilog. de sucre?

682. 50 décal. de blé ont coûté 111 fr. 50. Combien coûte l'hectolitre?

683. 10 hectolitres de vin ont coûté 30 fr. d'achat par hec-

tolitre, 45 fr. de droits de toute sorte pour le tout et 8 fr. dè conduite. A combien revient le litre ?

684. 5 hectol. de vin ont coûté ensemble, tous frais payés, 125 fr. Combien faut-il vendre le litre pour gagner sur le tout 38 fr.?

685. 25 m. 50 d'étoffe ont coûté 38 fr. 25. Combien coûte le mètre ? Si l'on avait payé le mètre un franc de plus, combien aurait coûté le tout ?

686. 75 ares 50 centiares de terrain ont coûté 800 fr. Combien vaut l'hectare de ce terrain?

687. 520 m. carr. 8 de terrain à bâtir ont coûté 3104 fr. Combien vaut l'are de ce terrain ?

688. On est convenu de payer un terrassement 1 fr. 50 le mètre cube. Combien devra-t-on pour 70 m. cub. 5 ?

689. Un voyageur a payé 7 fr. 50 pour un parcours de 30 lieues en chemin de fer. Combien a-t-il payé par kilomètre, la lieue étant de 4 kilom.?

690. Quel est le prix de 4 hectol. 25 de vin à 25 centimes le litre?

691. Quel est le prix de 550 litres de vin à 20 fr. l'hectolitre ?

692. Combien paiera-t-on pour 515 kilog. d'une marchandise à 42 fr. les 100 kilog.?

693. Quel est le prix de 570 gr. de sucre à 1 fr. 70 le kilogramme ?

694. Combien coûtent 75 litres de vin à 15 fr. 50 l'hectolitre?

695. 12 hectol. de vin ont été payés ensemble 150 fr. A combien revient le litre?

696. 100 mètres de toile ont coûté 175 fr. A combien revient le mètre ?

697. Combien doit-on payer pour 150 gr. de café à 5 fr. le kilogramme ?

698. Combien paiera-t-on pour le transport d'une marchandise pesant 850 kilog., à raison de 4 fr. les 100 kilog.?

699. Un marchand de grains a fait un achat de 87 hectol. 4 de blé. Sur cet achat, 50 hectol. 5 lui ont coûté 24 fr. 50 l'hectolitre, et le reste 23 fr. 70. Combien a-t-il payé pour le tout ?

700. Trois pièces d'étoffe, du prix de 3 fr. 40 le mètre, mesurent : la première 35 m. 75, la deuxième 42 m. 50, la troisième 39 mètres. Quel est le prix total des trois pièces ?

701. 5 hectol. d'huile ont coûté ensemble 400 fr. 75. A combien revient le litre ?

702. Un vaisseau, après avoir parcouru 930 kilom., est revenu en arrière de 137 kilom. Il reprend ensuite sa route directe et arrive à 1500 kilom. du point de départ. La tra-

versée ayant duré 6 jours, on demande combien il a parcouru de mètres par jour et par heure ?

703. Un are de terrain se vend 8 fr. le mètre carré, Combien à ce prix vaut l'are et combien vaut l'hectare ? (Se rappeler le n° 324, p. 138).

704. Un hectare de terrain pour bâtir s'est vendu 15000 fr. A combien est revenu le mètre carré ? (Voy. n° 324, p. 138).

705. 3 hectol. de vin ont coûté ensemble, tous frais payés, 65 fr. Le vin a été vendu au détail 30 centimes le litre. Combien le marchand a-t-il gagné en tout et combien a-t-il gagné par litre ?

706. On a acheté chez un épicier 2 kilog. 34 décag. de café à 4 fr. 50 le kilogramme et 8 kilog. 50 gr. de sucre à 1 fr. 70 le kilogramme. Combien est-il dû pour le tout ?

707. On a acheté 250 douzaines et demi d'œufs à 55 cent. la douzaine. On en a payé comptant 130 douzaines. Combien doit-on pour le reste ?

708. Combien doit-on pour 3 pains de sucre pesant 9 kilog. 5 hectog. chacun, le sucre étant compté 1 fr. 85 le kilogramme ?

709. Le port de 87 kilog. de marchandises a coûté 6 fr. 75. A combien revient le port d'un kilogramme ?

710. On a acheté 3 barils de vin contenant chacun 215 litres à 45 fr. le baril, on a payé 6 fr. de droits de régie, 20 fr. d'octroi, 8 fr. 50 pour la conduite à domicile. A combien revient l'hectolitre, et combien faudra-t-il vendre le litre au détail pour gagner 5 centimes par litre ?

711. On a payé 105 fr. pour 4 hectol. 50 lit. de vin. En le vendant au détail, on veut gagner 6 centimes par litre. Combien devra-t-on vendre le litre ?

712. Si 1 kilog. de marchandise coûte 25 fr., combien coûtent 4 hectog. ? Combien coûtent 25 gr. ?

713. Si 1 hectol. de vin coûte 45 fr., combien coûtent 50 litres ?

714. Si 1 stère de bois coûte 5 fr., combien coûtent 4 décastères ?

715. 1 are de terrain étant estimé 250 fr., combien coûteront 3 hectares du même terrain ?

716. Un terrain ayant été vendu 80 fr. l'are, quel a été à ce compte le prix du mètre carré ?

717. Un terrain ayant été estimé 2 fr. le mètre carré, combien vaudra le décamètre carré du même terrain ?

718. Un litre d'air pèse 1 gr. 3. Combien pèse un mètre cube d'air ?

719. Combien de litres d'eau dans un réservoir de 8 m. cubes de capacité ?

720. La capacité d'une salle étant de 275 m. cubes, quel

est le poids de l'air contenu dans cette salle, un litre d'air pesant 1 gr. 2 décig ?

721. Quel est le prix de 182 kilog. de foin à 2 fr. les 100 kilogrammes ?

722. On a payé 152 fr. pour creuser un fossé de 100 mètres de long. A combien revient le mètre de fossé ?

723. 10 hectares de terre ont coûté 25000 fr. Dites le prix du mètre carré ?

724. La superficie de la France entière est de 543 051 kilom. carr. (superficie d'avant 1871). Quelle serait la valeur du sol français au prix moyen de 1000 fr. l'hectare ?

725. La superficie de la France (avant 1871) étant de 543 051 kilom. carrés et sa population de 38 067 064 habitants, combien cela fait-il de mètres carrés par habitant?

CHAPITRE X

Notions pratiques sur la mesure des surfaces et des volumes.

(Cas les plus usuels).

Mesure des surfaces.

376. 1ʳᵉ RÈGLE. — MESURE DU CARRÉ (fig. de la p. 137). Pour avoir la superficie d'un carré, on mesure un côté et on le multiplie par lui-même.

377. *Exemple.* — Soit un carré de 25 m. 5 de côté. Pour avoir sa superficie, on multiplie 25,5 par 25,5. Le produit est 650,25. Le carré a donc une superficie de 650 mètres carrés et 25 centièmes de mètre carré, ou de 6 ares 50 centiares. (On peut négliger les 25 centièmes de mètre carré ou de centiare, fraction trop petite par rapport à la grandeur totale du carré.)

378. *Raison de la mesure du carré.* — Un carré de 10 mètres de côté, par exemple (voyez la fig. de la p. 137), se décompose en 10 bandes de 10 mètres carrés chacune, ce qui fait 10 fois 10 mètres carrés, ou 100 mètres carrés. — Si le côté était de 9 mètres, le carré se décomposerait en 9 bandes de 9 mètres car-

rés chacune, et l'on aurait la mesure de la surface en multipliant 9 par 9. — La surface d'un carré égale donc toujours un côté multiplié par lui-même.

379. 2ᵉ RÈGLE. — MESURE DU RECTANGLE OU CARRÉ LONG (fig. 10). — On multiplie un grand côté du rectangle par un petit ; ou, en d'autres termes, la longueur par la largeur.

380. *Exemple.* — Soit un rectangle de 4 m. 5 de long sur 1 m. 4 de large. On multiplie 4,5 par 1,4. Le produit est 6,30. La superficie du rectangle est donc de 6 m. carr. et 30 centièmes.

381. *Raison de la mesure du rectangle.* — Un rec-

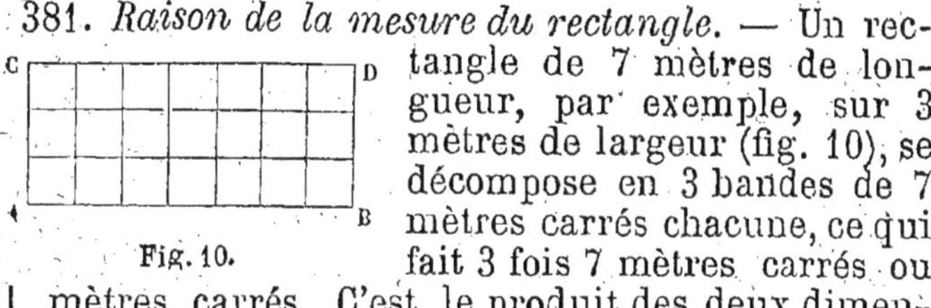

tangle de 7 mètres de longueur, par exemple, sur 3 mètres de largeur (fig. 10), se décompose en 3 bandes de 7 mètres carrés chacune, ce qui fait 3 fois 7 mètres carrés ou 21 mètres carrés. C'est le produit des deux dimensions, longueur et largeur.

382. *Applications de la mesure des surfaces.* — Le calcul des surfaces se rencontre souvent dans les questions usuelles. Le parquet et le plafond d'une salle, un mur, une table, une porte, etc., sont habituellement de forme carrée ou rectangle ; or, comme ce travail des ouvriers s'estime ordinairement d'après son étendue, on a souvent besoin d'appliquer la mesure du carré ou du rectangle.

Exemple. — PROBLÈME. — On a fait blanchir à la chaux, au prix de 25 c. le mètre carré, le plafond d'une salle de 25 m. de long sur 7 m. de large. Combien doit-on pour ce travail ?

Solution. — On multiplie 25 par 7 pour avoir la superficie du plafond ; on trouve au produit 175 m. carr. On multiplie ce produit par 0,25 pour avoir le prix de l'ouvrage ; le résultat est 43,75.

Réponse. — On doit pour l'ouvrage exécuté 43 fr. 75 c.

Mesure des volumes.

383. *Qu'est-ce qu'un cube ?* — On appelle cube un volume ou solide terminé par six faces carrées qui sont d'équerre les unes sur les autres. — Les côtés des différentes faces s'appellent *arêtes* du cube.

Par exemple, une caisse de forme ordinaire qui a longueur, largeur et profondeur égales, est un cube ; de même un réservoir carré dont la profondeur égale les deux autres dimensions est un cube. — La figure de la page 139 représente un cube. — La ligne AB est une des arêtes du cube.

384. 3ᵉ Règle. — Mesure du cube. — On obtient le volume d'un cube en multipliant une dimension deux fois par elle-même.

$$
\begin{array}{r}
1,5 \\
\times\ 1,5 \\
\hline
75 \\
15 \\
\hline
2,25 \\
\times\ 1,5 \\
\hline
1125 \\
225 \\
\hline
3,375
\end{array}
$$

385. *Exemple.* — Soit une caisse ayant 1 m. 5 de longueur, largeur et profondenr : on aura la capacité ou le volume de cette caisse en faisant l'opération ci-contre, où l'on multiplie 1,5 par 1,5 et le produit de nouveau par 1,5. Le dernier produit est 3,375. La capacité de la caisse est donc de 3 m. cub. 375 millièmes, ou, en litres, de 3375 litres.

386. *Raison de la mesure du cube.* — Supposons un cube de 10 mètres d'arête (voy. fig. de la p. 139.) Sa base, c'est-à-dire sa face inférieure, aura 10 fois 10 mètres carrés d'étendue ou 100 mètres carrés. Sur chaque mètre carré de cette base reposera une pile ou colonne de 10 mètres cubes (on voit une de ces piles de mètres cubes à la partie droite de la figure). Le volume total du cube sera donc de 100 fois 10 mètres cubes ou 1000 mètres cubes. — Si le cube n'avait que 9 mètres d'arête, sa base serait de 9 fois 9 mètres carrés ou 81 mètres carrés. Il se composerait donc de 81 piles de 9 mètres cubes chacune. On aurait par conséquent son volume en faisant le produit 81×9 ou $9 \times 9 \times 9$. — Le volume d'un cube s'obtient donc toujours en multipliant une dimension, c'est-à-dire la longueur d'une arête, deux fois par elle-même.

387. 4ᵉ Règle. — Mesure d'un mur et de tout

VOLUME OU SOLIDE A SIX FACES D'ÉQUERRE LES UNES SUR LES AUTRES. — On fait le produit des trois dimensions, longueur, largeur et hauteur ou profondeur.

Opération.   14
        × 4
        ——
          56
        × 0,7
        ——
        39,2

388. *Exemples.* — 1ᵉʳ EXEMPLE. — *Problème.* — Calculer la maçonnerie d'un mur de 14 m. de longueur, 4 m. de hauteur et 70 centim. d'épaisseur.

Solution. — On multiplie 14 par 4, puis le produit obtenu par 0,70 ; le résultat est 39,2. L'ordre dans lequel on multiplie est indifférent ; ainsi on pourrait multiplier 0,70 par 4, puis le produit par 14 (n° 149, p. 51).

Réponse. — 39 mètres cubes 2 dixièmes.

2ᵉ EXEMPLE. — *Problème.* — Quelle est la capacité d'un réservoir de 5 m. de longueur, 3 m. 5 de largeur et 3 m. de profondeur ?

Solution. — On multiplie 3,5 par 5, puis le produit par 3 ; le résultat est 52,5.

Réponse. — 52 m. cub. 5 dixièmes ou 52 m. cub. et demi (ou bien, en litres, 52500 litres.)

3ᵉ EXEMPLE. — *Problème.* — Quel est le volume d'une pièce de bois carrée de 9 m. de longueur et de 28 centim. de largeur ou épaisseur?

Solution. — La pièce de bois étant carrée, l'épaisseur égale la largeur ; on multiplie donc 0,28 par 0,28, puis le produit par 9. Le résultat est 0,6856.

Réponse. — 0 m. cub. 68 centièmes, ou plus exactement 6856 dix-millièmes de mètre cube.

389. *Raison de la mesure de tout solide terminé par six faces d'équerre.* — Soit le volume représenté par la figure 11, de 5 mètres de longueur, 2 de largeur et 3 de hauteur. Sa base est un rectangle de 2 fois 5 mètres carrés, ou 10 mètres carrés, de surface. Sur chacun de ces mètres carrés repose une pile de 3 mètres cubes, ce qui fait 10 fois 3 mètres cubes, ou 30 mètres cubes. Ainsi le volume total égale le produit des trois dimensions 5 × 2 × 3.

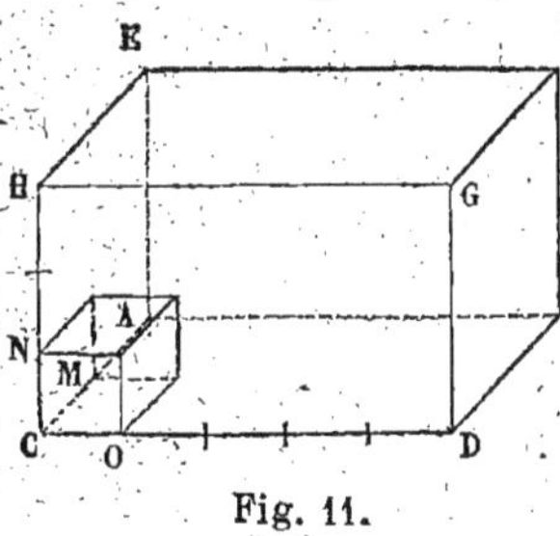

Fig. 11.

390. *Applications de la mesure des volumes.* — Les

applications de la mesure des volumes sont nombreuses, ainsi que le montrent déjà les trois problèmes précédents (n° 388). Elle sert a apprécier la maçonnerie, les terrassements, des amas de pierre ou de sable, le bois de charpente, etc. Il arrive assez souvent que la forme des volumes à mesurer n'est pas aussi régulière que dans les deux cas ici indiqués, mais la plupart du temps il est facile, en changeant légèrement une ou plusieurs dimensions, de se rapprocher de cette forme et d'avoir ainsi à peu de chose près le volume demandé. Ce que nous avons dit suffira donc dans une foule de circonstances.

Nota. — On trouvera dans le Complément d'arithmétique la mesure des autres sortes de surfaces ou de volumes.

Problèmes sur la mesure des surfaces et des volumes.

726. Quelle est la superficie d'un carré de 9 m. de côté ? (*Voy.* n°ˢ 376, 377, p. 160.)

727. Quelle est la superficie d'un carré de 15 m. 4 de côté ?

728. Quelle est la superficie d'un rectangle ou carré long qui a 50 m. de longueur sur 12 de largeur ? (*Voy.* n°ˢ 379, 380, p. 161.)

729. Quelle est la superficie d'un rectangle de 75 m. de longueur sur 9 m. 5 de largeur ou hauteur ?

730. Volume d'une caisse de forme cubique qui a 3 mètres de côté ? (*Voy.* n°ˢ 384, 385 p. 162.)

731. Volume d'une caisse d'un mètre de côté ?

732. Capacité, en litres, d'un réservoir de forme cubique, ayant 4 m. de longueur, largeur et profondeur ? (*Voy.* n° 385, p. 162.)

733. Volume de la maçonnerie d'un mur ayant 20 m. de longueur, 4 m. de hauteur et 50 centim. d'épaisseur ? (N°ˢ 387 et 388, 1ᵉʳ ex , p. 162.)

734. Maçonnerie d'un autre mur dont les trois dimensions sont 15 m., 1 m. et 0 m. 75 ?

735. Capacité d'un réservoir de 4 m. de longueur, 2 de largeur et 5 de profondeur ? Combien peut-il contenir de litres d'eau ? (*Voy.* n° 388, 2° ex., p. 163.)

736. Capacité d'un autre réservoir dont les trois dimensions sont 15 m. 4, 8 m. 1, et 1 m ? Combien contiendra-t-il d'hectolitres d'eau ?

737. Capacité d'une salle dont les trois dimensions sont 30 m. 5, 6 m. 2, 4 m. 8 ? Combien de litres d'air dans cette salle ?

738. Volume d'une pièce de bois carrée dont la longueur est de 15 m. et qui a 35 centim. d'épaisseur et de largeur. (*Voy.* n° 388, 3° ex., p. 163.)

739. Quelle est la superficie d'un carreau de 15 centim. de côté ? (N° 376, p. 160.)

740. Quelle est la superficie d'une brique de 2 décim. de longueur et de 1 décim. 1 de largeur ? (N° 379, p. 161.)

741. Quelle est la superficie d'une chambre de 8 m. de longueur sur 4 m. de largeur ?

742. Combien faudra-t-il de carreaux de 15 centim. de côté pour carreler une chambre de 8 m. de longueur sur 4 m. de largeur ? (*Voy.* n° 382, p. 161.)

743. Combien faudra-t-il de carreaux de 2 décim. de côté pour carreler une chambre carrée de 7 m. de côté ?

744. Une tuile couvrant un espace de 1 décim. 2 de longueur sur 1 décim. de largeur, combien faudra-t-il de tuiles pour couvrir un toit composé de deux parties ayant chacune 12 m. de longueur sur 4 m. de largeur ?

745. Un peintre a peint une porte de 3 m. de hauteur sur 1 m. 50 de largeur. Combien devra-t-on lui payer à raison de 1 fr. par mètre carré ?

746. Un menuisier a parqueté une chambre de 7 m. de longueur sur 5 m. de largeur. Combien coûte ce parquet à raison de 12 fr. 50 le mètre carré ?

747. Un tas de pierres de forme cubique a 3 m. 5 sur toutes ses dimensions. Combien le paiera-t-on à raison de 4 fr. le mètre cube ?

748. On a 25 pierres de taille représentant chacune les dimensions suivantes : longueur, 6 décim ; largeur, 4 décim. 5 ; épaisseur, 4 décim. Quel est le volume total des 25 pierres de taille et combien devra-t-on les payer à raison de 8 fr. le mètre cube ?

749. Combien de mètres cubes d'air dans une salle de 15 m. de longueur, 6 m. de largeur, et 3 m. 4 de hauteur ?

CHAPITRE XI

Mesures de temps. — Mesure des arcs et des angles. — Notions sur le calcul des nombres complexes.

Mesures de temps.

391. *Quelles sont les mesures de temps?* — Les mesures de temps sont : l'année, le mois, la semaine, le jour, l'heure, la minute, la seconde.

392. *Combien de jours dans l'année?* — L'année se compose communément de 365 jours. Tous les quatre ans elle est de 366 jours.

393. *Qu'appelle-t-on années bissextiles?* — Les années de 366 jours s'appellent années *bissextiles*.

394. *Quelles sont les années bissextiles?* — Les années bissextiles sont, en général, celles dont les deux derniers chiffres à droite font un nombre divisible exactement par 4; par exemple, les années 1860, 1864, 1868, 1872. Il y a une exception pour les années terminées par plusieurs zéros ; pour être bissextiles, elles doivent être divisibles par 400 ; ainsi l'année 1900 ne sera pas bissextile, mais l'année 2000 le sera.

395. *Combien de mois dans l'année et combien de jours dans chaque mois?* — L'année se compose de douze mois dont la durée est inégale : janvier, 31 jours ; février, 28 j. dans les années communes et 29 dans les années bissextiles ; mars, 31 j.; avril, 30 j.; mai, 31 j.; juin, 30 j.; juillet, 31 j.; août, 31 j.; septembre, 30 j.; octobre, 31 j.; novembre, 30 j.; décembre, 31 j.

396. *Qu'est-ce qu'une semaine et combien de semaines dans l'année?* — La semaine est, comme tout le monde le sait, un espace de sept jours. — Une année se compose de 52 semaines plus un ou deux jours.

397. *Quelles sont les divisions du jour?* — Le jour se compose de 24 heures, l'heure de 60 minutes, la minute de 60 secondes.

398. *Qu'est-ce qu'une journée?* — Une journée est un jour de travail. Elle se compose d'un certain nombre d'heures, variable suivant les saisons, la nature des travaux et l'usage des pays.

Mesure des arcs et des angles.

399. *Qu'est-ce qu'une circonférence de cercle?* — On appelle *circonférence de cercle* une ligne courbe tracée autour d'un point appelé *centre*, de manière à être partout a égale distance de ce point.

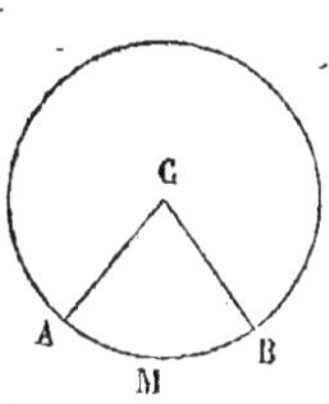
Fig. 12.

La figure ci-contre représente une circonférence de cercle dont le point C est le centre.

400. *Qu'est-ce qu'un arc de cercle?* — Un *arc de cercle* est une portion de circonférence. Exemple : dans la figure précédente, l'arc AMB.

401. *Qu'est-ce qu'un angle?* — Un *angle* est l'écartement de deux lignes droites qui se rencontrent. Le point de rencontre des deux lignes s'appelle *sommet* de l'angle.

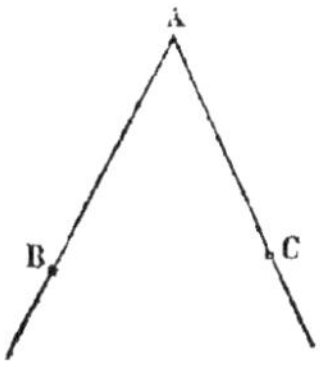

Exemple : l'angle BAC, dont le point A est le sommet.

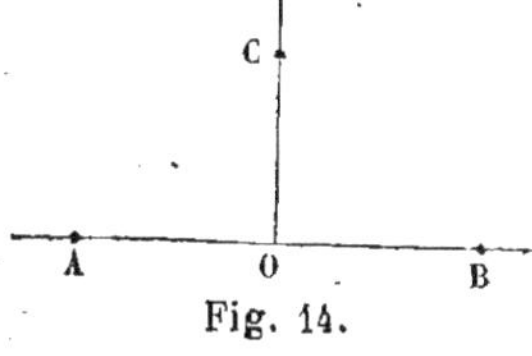
Fig. 13.

402. *Qu'est-ce qu'une ligne perpendiculaire?* — C'est une ligne droite qui en rencontre une autre sans pencher d'aucun côté sur cette autre.

Exemple : CO est perpendiculaire à AB.

403. *Qu'est-ce qu'un angle droit?* — Un angle droit est un angle formé par une perpendiculaire.

Fig. 14.

Exemple : l'angle AOC de la figure précédente ; de même l'angle BOC.

404. *Quelle est l'unité pour la mesure des arcs et des angles ?* — L'unité d'arc ou d'angle est le *degré*.

405. *Qu'est-ce que le degré ?* — Le degré est la 90ᵉ partie du quart de la circonférence ou la 90ᵉ partie d'un angle droit.

406. *Comment se divise le degré ?* — Le degré se divise en 60 minutes, la minute en 60 secondes. — Dans l'usage ordinaire, on n'emploie que les degrés et les minutes.

407. *Quelle est l'abréviation usitée pour les degrés, minutes et secondes ?* — Degré, minute, seconde s'abrègent de la manière suivante : par exemple, 5 degrés 4 minutes 20 secondes s'écrivent 5° 4′ 20″.

Nombres complexes.

408. *Qu'est-ce qu'un nombre complexe ?* — Les nombres dans lesquels les unités qui les composent ne sont pas de dix en dix fois plus petites, comme les nombres de jours, heures, minutes et secondes, s'appellent nombres *complexes*. Ainsi 3ʲ 5ʰ 25ᵐ 2ˢ.

CALCUL DES NOMBRES COMPLEXES.

1° Addition.

409. 1ʳᵉ Règle. — On additionne séparément les nombres des différentes espèces de mesures, en ayant soin de retenir, en passant d'une espèce à l'autre, autant d'unités d'une espèce plus grande qu'il y en a dans chaque somme qu'on a obtenue.

410. *Exemples.* — 1ᵉʳ Ex.

$$\begin{array}{l} 2 \text{ jours } 15 \text{ heures.} \\ +\ 7 \qquad\quad 18 \\ +\qquad\qquad 19 \\ \hline \end{array}$$

Somme.   11 jours   4 heures.

Explication. — En additionnant les nombres d'heures, je trouve 52ʰ, ce qui fait 2ʲ plus 4ʰ, je pose 4ʰ et je retiens 2ʲ.

J'additionne 2ʲ de retenue avec les nombres de la colonne des jours, je trouve 11 jours. La somme demandée est donc 11 jours 4 heures.

2ᵉ Ex. $\quad$ 6ʰ 29ᵐ $\qquad$ *Explication*. — La colonne des mi-
$\quad + \quad$ 0ʰ 8ᵐ $\quad$ nutes donne 78ᵐ, ce qui fait 1ʰ 18ᵐ;
$\quad + \quad$ 15ʰ 41ᵐ $\quad$ je pose 18ᵐ et je retiens 1ʰ pour la
$\qquad\qquad\qquad$ porter à la colonne des heures. Addi-
Somme $\quad$ 22ʰ 18ᵐ $\quad$ tionnant 1ʰ avec les nombres de la
colonne des heures, je trouve 22ʰ. La somme demandée est donc 22ʰ 18ᵐ.

2° Soustraction·

411. 2ᵉ Règle.— On fait séparément la soustraction des nombres qui représentent les différentes espèces de mesures. Si la soustraction d'un de ces nombres est impossible, on ajoute au nombre supérieur autant d'unités qu'il y en a dans une mesure de l'espèce suivante à gauche, ayant soin de retenir une unité de cette dernière espèce pour l'ajouter au nombre inférieur suivant.

412. *Exemples*. — 1ᵉʳ Ex. $\quad$ 8ʰ 20ᵐ
$\qquad\qquad\qquad\qquad\quad - \quad$ 5ʰ 9ᵐ
$\qquad\qquad\qquad\qquad\qquad\overline{\qquad\qquad}$
$\qquad\qquad\qquad$ Reste $\quad$ 3ʰ 11ᵐ

Explication. — On fait séparément la soustraction des minutes et la soustraction des heures ; on a pour reste 3ʰ 11ᵐ.

2° Ex. — De 3 ans 2 mois 20 jours soustraire 2 ans 4 mois 28 jours. (On suppose les mois de 30 jours.)

$\qquad\qquad$ 14 $\qquad$ 50 $\qquad\quad$ *Explication*. — Com-
$\quad$ 3 ans 2 mois 20 jours $\quad$ mençant par la colonne
$\quad$ 2 $\quad$ 4 $\qquad$ 28 $\qquad\quad$ des jours, je vois que 28
$\overline{\qquad\qquad\qquad\qquad\qquad}$ jours ne peuvent se re-
Reste $\quad$ 0 an $\quad$ 9 mois 22 jours. $\quad$ trancher de 20 jours,
j'ajoute donc à 20 jours un mois qui vaut 30 jours, ce qui fait 50 jours ; je retranche 28 jours de 50 jours, j'ai pour reste 22 jours et je retiens 1 mois. — En passant à la colonne des mois j'ajoute 1 mois à 4 mois, ce qui fait 5 mois. Ne pouvant pas retrancher 5 mois de 2 mois, j'ajoute 1 an à 2 mois, ce qui fait 14 mois ; je retranche 5 mois de 14 mois, il reste 9 mois, et je retiens 1 an. — 1 an et 2 ans font 3 ans ; 3 ans ôtés de 3 ans, il reste 0.

3° Changement d'un nombre complexe en nombre entier.

413. 3e Règle. — Pour changer un nombre complexe en nombre entier, on réduit le nombre des unités plus grandes en unités plus petites, et on ajoute les unités plus petites qu'on a déjà.

414. *Exemple.* — Réduire 8 h. 15 m. en nombre entier.

Réponse. — 495 minutes.

Explication. — On réduit les 8 h. en minutes en prenant 8 fois 60 minutes, ce qui fait 480 minutes, puis on ajoute les 15 minutes, ce qui fait en tout 495 minutes.

4° Changement d'un nombre complexe en nombre fractionnaire et en nombre décimal.

415. 4e Règle. — Pour changer en fraction ordinaire un nombre d'une certaine espèce d'unité, on écrit ce nombre pour numérateur de la fraction, et on écrit au dénominateur combien il y a d'unités de cette espèce dans celle qu'on adopte pour unité principale. On peut changer la fraction ordinaire ainsi obtenue en fraction décimale, par la règle du n° 287, (p. 125.) — On écrit ensuite devant la fraction ordinaire ou décimale le nombre d'unités de l'espèce principale, et l'on a ainsi un nombre décimal ou fractionnaire au lieu d'un nombre complexe.

416. *Exemples.* — 1er EXEMPLE. — Changer 8 h. 25 m. en nombre fractionnaire et en nombre décimal.

Réponse. — 8 h. $\dfrac{25}{60}$ ou 8 h. 416.

Explication. — Comme il y a 60 minutes dans une heure, 1 minute est un *soixantième* d'heure ; 25 minutes font donc 25 soixantièmes, ce qui s'écrit $\dfrac{25}{60}$. Le nombre 8 h. 25 m. peut donc s'écrire 8 h. $\dfrac{25}{60}$.

En changeant la fraction $\dfrac{25}{60}$ en fraction décimale par la règle du n° 287, on trouve que la fraction $\dfrac{25}{60}$ vaut 0,416 (avec un reste). Le nombre 8 h. 25 m. peut donc s'écrire aussi 8 h. 416.

2ᵉ Exemple. — Changer 2 ans 3 mois en nombre fractionnaire et en nombre décimal.

Réponse. — 2 ans $\frac{3}{12}$ ou 2ᵃⁿˢ, 25 (exactement).

5° Opérations sur les nombres complexes au moyen des nombres décimaux.

417. 5ᵉ Règle. — Toutes les opérations sur les nombres complexes peuvent se faire en réduisant ces nombres en nombres décimaux d'après la règle ci-dessus, n° 415. Cette réduction en nombres décimaux est particulièrement utile pour la multiplication et la division.

418. *Exemple.* — Multiplier 8 h. 25 m. par 5,4.

Le nombre complexe 8 h. 25 m. étant changé en nombre décimal devient 8 h., 416. (*Voy.* 1ᵉʳ ex. du n° 416.) On multipliera donc 8,416 par 5,4. Le produit sera 45 heures 446 millièmes.

APPLICATIONS DES NOMBRES COMPLEXES.

419. Les anciennes mesures usitées en France n'étant pas de dix en dix fois plus grandes donnaient lieu à de fréquentes applications des nombres complexes. Mais depuis l'adoption du système métrique on n'en fait usage que dans un très-petit nombre de questions.

420. *Exemples.* — 1ᵉʳ Ex. — *Problème.* — Combien doit-on à un ouvrier pour 2 journées et 7 heures de travail, la journée étant de 11 heures et se payant 3 fr.

Solution. — 7 heures de travail, la journée étant de 11 heures, font $\frac{7}{11}$ de journée, ou, en changeant en fraction décimale, 0 j. 63. On multiplie donc 2 j. 63 par 3 fr., prix de la journée. On trouve au produit 7 fr. 899 ou, en compte rond de centimes, 7 fr. 90 c.

Réponse. — Il est dû à l'ouvrier 7 fr. 90 c.

Remarque. — On trouverait un peu plus de 7 fr. 90 si, au lieu de prendre 0,63 pour valeur de $\frac{7}{11}$, on prenait avec un chiffre décimal de plus, 0,636. On voit par là de nouveau qu'il est important, quand on veut un résultat très-exact,

de prendre dans le calcul un grand nombre de chiffres décimaux.

Autre solution. — La journée de 11 heures se payant 3
francs, cela fait, en divisant 3 par 11, 0 fr. 2727 par heure.
Le prix d'une heure étant multiplié par 7, on a au produit le
prix de 7 heures, c'est 1 fr. 9089 ou simplement 1 fr. 90 c.
En ajoutant ce nombre au prix de deux journées qui est de
6 fr., on a comme dans la solution précédente 7 fr. 90 c.
pour prix de 2 journées et 7 heures.

2° EXEMPLE. — *Problème.* — Une lampe a brûlé 85 grammes d'huile en 3 h. 48 m. Combien brûle-t-elle d'huile par
minute ? Combien en brûle-t-elle par heure?

Solution. — Il faut réduire 3 h. 48 m. en un nombre
entier par la règle du n° 415 : on trouve 228 m. Divisant
ensuite 85 grammes par 228, on a la quantité d'huile brûlée
en une minute ; c'est 0 gr. 3728, avec un reste à la division.

En multipliant ce premier résultat par 60, on a la quantité
brûlée en une heure, 22 gr. 368.

Réponse. — La lampe brûle en une minute un peu plus de
372 millig. d'huile; elle brûle en une heure environ 22 gr.
368 milligr.

Exercices sur les nombres complexes.

1° *Addition* (Voy. 1ʳᵉ règle, n° 409, p. 168).

750. 2 h. 25 m. + 1 h. 10 m. + 0 h. 8 m.; 3 mois
17 jours + 2 mois 25 jours.
751. 25 j. 14 h. 50 m. + 3 j. 0 h. 15 m. + 0 j. 13 h. 30 m.

2° *Soustraction* (2° règle, n° 411, p. 169.)

752. 15 mois 16 jours — 8 mois 10 jours; 25 j. 3 h. 15 m.
— 20 j. 2 h. 10 m.
753. 35 h. 4 m. 10 s. — 31 h. 11 m. 40 s.; 8 j. 12 h. 50 m.
— 6 j. 15 h. 44 m.

3° *Changement d'un nombre complexe en nombre
entier* (3° règle, n° 413, p. 170).

754. 8 h. 20 m.; 20 j. 15 h.; 10 mois 15 j. (mois de 30 j.).
755. 20 min. 15 sec.; 15 h. 44 m.; 15. j 4 h.

4° *Changement d'un nombre complexe en nombre fractionnaire et en nombre décimal* (4° règle, n° 415, p. 170.)

756. 3 ans 10 mois ;   4 j. 15 h.;   4 min. 2 sec.
757. 4 ans 7 mois;   2 ans 325 jours.
758. 8 h. 20 m.;   5 m. 24 sec.;   55 h. 45 m.

5° *Opérations sur les nombres complexes au moyen des nombres décimaux* (5° règle, n° 417, p. 171).

759. 3 h. 10 m. × 4;   4 j. 5 h. × 20;   4 m. 25 s. × 8.
760. 25 j. 10 h. × 2,4;   4 ans 8 mois × 9,5;   2 min. 3 s. × 0,7

Problèmes.

761. Un ouvrier tenu à 12 heures de travail par jour a travaillé une semaine pendant 4 j. 3 h.; la deuxième semaine pendant 5 j. 5 h.; la troisième semaine pendant 3 j. 9 h., la quatrième semaine pendant 4 j. 3 h. Combien de journées de travail lui est-il dû en tout ?

762. Deux ouvriers ont fait l'un 33 journées et 7 heures, l'autre 25 journées 9 heures, les journées pleines étant de 10 heures. Combien l'un a-t-il fait de journées de plus que l'autre ?

763. Une roue fait un tour en 3 secondes. En combien de temps fera-t-elle 10000 tours ? (Exprimer le temps en heures, minutes et secondes.)

764. Une lampe a consommé 183 gr. d'huile en 4 h. 15 m. Combien consomme-t-elle par minute ? Combien consomme-t-elle par heure ?

765. Un ouvrier a fait 44 mètres d'ouvrage en 8 jours 4 heures ; la journée de travail étant de 12 heures, combien a-t-il fait de mètres d'ouvrage en une heure ? Combien en a-t-il fait en un jour ?

766. Une locomotive a parcouru 125000 mètres en 3 h. 25 m. Combien cela fait-il de mètres par minute ? Combien de mètres par seconde ?

767. La lumière du soleil nous arrive en 8 m. 16 s. d'une distance d'environ 38000000 de lieues. Combien parcourt-elle de lieues par seconde ?

CHAPITRE XII

Règles d'intérêt et d'escompte. — Droits de commission, Assurances, etc.

421. *Qu'appelle-t-on intérêt ?* — On appelle *intérêt* d'une somme d'argent, ce que cette somme rapporte lorsqu'on la prête.

422. *Qu'est-ce qu'un capital ?* — La somme qui rapporte un intérêt s'appelle un capital.

423. *Qu'est-ce que le taux de l'intérêt ?* — On appelle *taux* de l'intérêt, l'intérêt annuel que rapporte une somme de 100 fr. On dit par exemple qu'une somme d'argent est prêtée au taux de 5 pour 100 lorsque chaque somme de 100 fr. doit rapporter 5 fr. en un an. 5 pour 100 s'écrit en abrégé 5 p. 0/0 ou simplement 5 0/0.

424. *Qu'est-ce que le taux légal ?* — La loi ne permet pas de prêter à un taux plus élevé que 5 0/0, excepté dans le commerce où l'on peut retirer 6 p. 0/0 d'intérêt. Le *taux légal* est donc de 5 ou de 6 p. 100, suivant les cas.

425. *Qu'est-ce que l'usure ?* — L'intérêt perçu à un taux non autorisé s'appelle *usure*.

426. *N'y a-t-il pas plusieurs sortes d'intérêt ?*—Il y a deux sortes d'intérêt : l'*intérêt simple* et l'*intérêt composé*.

427. *Qu'est-ce que l'intérêt simple ?* — L'intérêt est appelé *intérêt simple* lorsqu'il est payable à la fin de chaque année.

L'intérêt simple prend le nom de *rente, d'escompte*, etc., suivant les circonstances dans lesquelles on le perçoit.

428. Nota. — Lorsqu'on ne dit pas dans une question si l'intérêt est simple ou composé, c'est qu'il s'agit d'intérêt simple.

Intérêt simple.

429. 1re Règle. — INTÉRÊT PENDANT UN AN. — Pour avoir l'intérêt d'une somme d'argent pendant un an, on multiplie le capital par le taux et on divise le produit par 100. (Cette division par 100 se fait, d'après le n° 267, p. 117, en séparant deux chiffres décimaux par une virgule.)

430. *Exemples.* — 1er Ex. — Quel est l'intérêt de 8000 fr. à 5 p. 0/0 pendant un an ?

Opération.   8000   *Explication.* — Je multiplie le ca-
            × 5   pital 8000 fr. par le taux qui est 5,
            ——   et je divise le produit par 100 en sé-
           400,00   parant deux chiffres décimaux.
Réponse. — 400 fr.

2e EXEMPLE. — Quel est l'intérêt de 8545 fr. à $4\frac{1}{2}$ p. 0/0 pendant un an.

Opération.   8545   *Explication.* — $4\frac{1}{2}$ est la même
             4,5   chose que 4 fr. 50 c. ou plus simple-
            ——   ment 4,5. Je sépare un chiffre déci-
           42725   mal au produit parce qu'il y en a un
           34180   au multiplicateur et j'en sépare deux
            ——   autres pour diviser par 100, d'après
          384,525   la règle, ce qui fait en tout trois.

Réponse. — L'intérêt demandé est de 384 fr. 52 c. (On néglige les 5 dixièmes de centime.)

431. *Raison de la règle précédente* (Intérêt pendant un an.) — Raisonnons sur le 1er exemple. Si chaque franc de capital rapportait 5 fr. d'intérêt, il faudrait, pour avoir l'intérêt de 8000 fr., répéter 8000 fois 5 fr., ou multiplier 5 par 8000. Mais chaque franc rapportant 100 fois moins, il faut diviser le produit obtenu par 100. — On raisonnerait de même sur tout autre exemple.

432. 2e Règle. — INTÉRÊT PENDANT PLUSIEURS ANNÉES. — Pour avoir l'intérêt d'un capital pendant un certain nombre d'années, on cherche d'abord l'intérêt d'un an et on le multiplie par le nombre des années.

433. *Exemples*. — 1er Ex. — Quel est l'intérêt de 15000 fr. à 3 0/0 pendant 2 ans.

$$\text{Opération.} \quad \begin{array}{r} 15000 \\ \times\ 3 \\ \hline \end{array}$$

Produit divisé par 100 = 450,00   (Intérêt d'un an.)

$$\begin{array}{r} \times\ 2 \\ \hline 900,00 \end{array}$$ (Intérêt de deux ans.)

(Dans la dernière multiplication, pour abréger, on aurait pu ne pas multiplier les zéros représentant les centimes à droite de 450.)

Réponse. — Intérêt demandé : 900 fr.

2e EXEMPLE. — Quel est l'intérêt de 15000 fr. à $3\frac{3}{4}$ p. 0/0 pendant 2 ans et demi.

$$\text{Opération.} \quad \begin{array}{r} 15000 \\ \times\ 3,75 \\ \hline \end{array}$$

Produit divisé par 100 = 562,5000 (Intérêt d'un an).

$$\begin{array}{r} \times\ 2,5 \\ \hline \end{array}$$

Produit   1406,25000 (Intérêt de 2 ans 1/2.)

Explication. — Je multiplie le capital 15000 fr. par le taux 3,75 et je divise par 100, ce qui donne 562 fr. 50 c. (intérêt d'un an). Je multiplie cet intérêt par le temps 2,5 : je trouve 1406 fr. 25 c. C'est l'intérêt demandé.

Réponse. — Intérêt demandé : 1406 fr. 25 c.

434. *Raison de la 2e règle* (Intérêt pendant plusieurs années.) — Il est évident (1er exemple) que l'intérêt de 2 ans doit être le double de l'intérêt d'un an.

435. 3e RÈGLE. — INTÉRÊT PENDANT UN NOMBRE DE MOIS OU DE JOURS. — Pour avoir l'intérêt d'un capital pendant un nombre de mois ou de jours, on cherche d'abord l'intérêt d'un an d'après la 1re règle, on le multiplie par le nombre de mois ou de jours, puis on divise le produit par 12 ou par 360 : par 12, si le temps est un nombre de mois ; par 360 si c'est un

nombre de jours. (Il y a dans l'année 12 mois et, en nombre rond, 360 jours.)

Quand le temps marqué dans la question est un nombre composé d'années et de mois, avant d'opérer on réduit les années en mois, et quand le temps est composé d'années, de mois et de jours, on réduit les années et les mois en jours, en comptant 30 jours pour chaque mois et 360 jours pour l'année.

436. *Exemples.* — 1ᵉʳ Ex. — Quel est l'intérêt de 600 fr. à 5 0/0 pendant 9 mois et quel est l'intérêt de la même somme pendant 9 jours?

Opération. 600
$\times$ 5

30,00 (Intérêt d'un an.)   270 | 360
9 | 0,75 (Int. de 9 j.)

270,00 | 12

22,50 (Intérêt de 9 mois.)

Explication. — Je calcule comme si le temps était 1 an, d'après la 1ʳᵉ règle : je trouve 30 fr. d'intérêt pour 1 an. Je multiplie ensuite 30 fr. par 9 et je divise le produit 270 par 12 pour avoir l'intérêt de 9 mois. Le quotient la division de est 22 fr. 50 (exactement).

Pour avoir ensuite l'intérêt de 9 jours, je divise 270 fr. par 360 au lieu de diviser par 12. Je trouve au quotient 0 fr. 75.

Réponse. — Intérêt pendant 9 mois : 22 fr. 50 c. — Intérêt pendant 9 jours : 75 centimes.

2ᵉ EXEMPLE. — Quel est l'intérêt de 18000 fr. à 4 0/0 pendant 2 ans 5 mois ?

Opérations. 12 mois   18000
$\times$ 2 $\times$ 4

24   720,00 (Int. d'un an.)
+ 5 $\times$ 29

29 mois   6480
1440

20880 | 12

1740 (Int. de 29 mois.)
(sans reste).

10.

Explication. — 2 ans font 24 mois, et 5 mois en plus font 29 mois. C'est pourquoi je multiplie 720 fr., intérêt d'un an, par 29. Je divise ensuite par 12 comme dans l'exemple précédent.

Réponse, — Intérêt demandé : 1740 fr.

3° Exemple. — Quel est l'intérêt de 18000 fr. à 4 0/0 pendant 5 mois 10 jours?

```
Opérations. 30 jours      18000
            × 5           × 4
            ───           ───
            150           720,00 (Int. d'un an).
          + 10           × 160
            ───           ───
            160 jours.    43200
                          720

                          115200 | 360
                                 ───
                                 320   (Int. de 160 jours.)
                          (sans reste.)
```

Explication. — 5 mois, à 30 jours par mois, font 150 jours, et 10 jours en plus font 160 jours. Je multiplie donc l'intérêt d'un an 720 fr., par 160. Je divise ensuite par 360.

Réponse. — 320 fr.

4° Ex. — Quel est l'intérêt de 18000 fr. à 4 0/0 pendant 2 ans 5 mois 10 jours?

```
                      Opérations.
30 jours.     360 jours.      18000
× 5           × 2                 4
──            ──              ───
150           720             720,00 (Int. d'un an.)
+ 10          + 160          × 880
──            ──              ───
160 jours.    880 jours.      57600
                              5760
                              ───
                              633600 | 360
                                     ───
                                     1760 (Int. de 880 j.)
                              (sans reste.)
```

Explication.—Je réduis d'abord 5 mois 10 jours, je trouve 160 jours. Les 2 années étant réduites en jours font 720 jours. C'est en tout 880 jours. Je calcule donc l'intérêt pour 880 jours, comme dans les exemples précédents.

Réponse. — Intérêt demandé : 1760 fr.

437. *Raison de la 3ᵉ règle* (Intérêt pendant plusieurs mois ou plusieurs jours.) — Quand le temps est un nombre de mois ou de jours, on multiplie par ce nombre comme si c'étaient des années, mais il est évident que le mois étant 12 fois moindre que l'année, l'intérêt doit être 12 fois moindre ; il faut donc diviser par 12, si le temps est un nombre de mois. Le jour étant environ 360 fois moindre que l'année, il est de même évident que l'intérêt doit être 360 fois moindre; il faut donc diviser par 360 si le temps est un nombre de jours.

438. *Remarque.* — On a l'habitude de diviser par 360 au lieu de 365, nombre exact des jours de l'année, parce que le calcul est plus facile, et qu'en comptant 30 jours uniformément pour chaque mois, 12 mois font 360 jours.

439. *Qu'appelle-t-on valeur d'un capital au bout d'un certain temps?* — Les intérêts d'un capital pendant un temps plus ou moins long étant ajoutés à ce capital donnent sa valeur au bout de ce temps. C'est ainsi qu'on dit, par exemple, qu'un capital de 8000 fr. (1ᵉʳ ex. de la 1ʳᵉ règle, p. 175), vaut, au bout d'un an, avec ses intérêts, 8400 fr.

Intérêt composé.

440. *Qu'est-ce que l'intérêt composé ?* — Si l'intérêt d'une somme d'argent s'ajoute chaque année au capital pour produire à son tour intérêt, l'intérêt s'appelle alors *intérêt composé*. Ceci a lieu quand le prêteur consent que l'intérêt qui lui est dû à la fin de chaque année ne lui soit pas payé mais reste entre les mains de l'emprunteur, à la condition que celui-ci, à une époque déterminée, lui rendra ensemble capital et intérêts.

441. 4ᵉ RÈGLE. — Pour avoir l'intérêt composé d'un capital placé pendant plusieurs années, on cherche d'abord l'intérêt simple de la première année par la règle du nᵒ 429 (p. 175). — Pour avoir l'intérêt de la deuxième année on ajoute au capital l'intérêt de la première année ; on a ainsi un deuxième capital dont on cherche l'intérêt simple. — Pour avoir l'intérêt de la troisième année on ajoute au capital précédent l'intérêt de la précédente année ; on a ainsi un troisième capital dont on cherche l'intérêt simple : et ainsi de suite pour d'autres années. — Si la dernière année n'est pas entière, on cherche l'intérêt simple pour cette année par la 3e règle, n° 435, p. 176. — Enfin, on ajoute ensemble tous les intérêts obtenus. La somme est l'intérêt composé demandé.

442. *Exemples.*— 1er Ex. — Quel est l'intérêt composé de 15000 fr. à 5 0/0 pendant 3 ans ?

Opérations.

	1re année	2e année.
1er capital	15000	15000
	× 5	+ 750
Int. de la 1re année : 750,00		
	2e capital	15750
		× 5
	Int. de la 2e année :	787,50

	3e année.	Résumé des 3 ann.
	15750	750,00
	+ 787,50	787,50
		826,875
3e capital	16537,50	
	× 5	Total des intérêts : 2364,375

Int. de la 3e ann. 826,8750

Explication. — Je cherche d'abord l'intérêt de 15000 fr. pour une année, je trouve 750 fr. Ajoutant cet intérêt au capital, j'ai un nouveau capital pour la deuxième année, 15750 fr. L'intérêt de ce nouveau capital est de 787 fr. 50 c. J'ajoute ce second intérêt au capital qui l'a fourni et j'ai ainsi un troisième capital pour la troisième année. L'intérêt de cette troisième année est de 826 fr. 875. J'additionne, en finissant, les intérêts des trois années. Total 2364,375.

Réponse. — L'intérêt composé est de 2364 fr. 37 c.

2e EXEMPLE. — Quel est l'intérêt composé de la même somme de 15000 fr. à 5 0/0 pendant 3 ans 2 mois ?

Opération. — On calcule d'abord comme dans l'exemple précédent. Ayant obtenu l'intérêt de la troisième année, on ajoute cet intérêt au capital de cette troisième année, et on a ainsi un quatrième capital dont on cherche l'intérêt pendant 2 mois, ainsi qu'il suit :

	4° année.	Résumé des 4 années.
	16537,50	750,00
	+ 826,87	787,50
		826,875
4° capital	17364,37	144,703
	× 5	
		2509,078
	868,2185	
	× 2	

1736,4370 | 12
144,70 Intérêt de la 4° année.

Réponse. — 2509 fr. 07 c.

3° EXEMPLE. — Que devient un capital de 15000 fr. placé à intérêt composé pendant 3 ans 2 mois ?

Opérations.— On calcule comme dans l'exemple précédent, excepté qu'à la fin, au lieu de faire le résumé des quatre années, on ajoute simplement au 4° capital l'intérêt de la 4° année,

4° capital	17364,37
Intérêt de la 4° année	144,70
	17509,07

Réponse. — 17509 fr. 07 c.

NOTA. — On obtiendrait le même résultat en ajoutant au capital primitif (15000 fr.) la somme des intérêts des quatre années, mais il est plus simple de ne pas faire cette somme.

443. *Combien faut-il de temps pour qu'une somme placée à intérêt composé à 5 0/0 double de valeur ?* — Il faut un peu plus de 14 ans. Ainsi 15000 fr. vaudraient au bout de 14 ans près de 30000 fr.

Rentes en général. — Rentes viagères.

444. *Qu'est-ce qu'une rente ?* — Une *rente* est un intérêt reçu d'une manière permanente pour un capital sur lequel on a cédé son droit.

445. *Quelles sont les rentes les plus connues ?* — Les rentes les plus connues sont les *rentes viagères* sur

des particuliers et les rentes perpétuelles sur l'Etat.

446. *Qu'est-ce qu'une rente viagère?* — Une rente viagère est une rente qu'on doit recevoir sa vie durant.

447. *Quel est le taux des rentes viagères?*—Le *taux* de cette sorte de rente est convenu entre les inté-ressés d'après les chances de vie et il est ordinaire-ment plus élevé que 5 0/0. Un vieillard, par exemple, pourra, sans usure, toucher une rente calculée au taux de 10 ou 12 0/0 et même à un taux supérieur.

Rentes sur l'État.

448. *Qu'est-ce qu'une rente sur l'État?* — Une rente sur l'Etat est un intérêt que l'Etat paie pour une somme qu'on lui a prêtée et qu'il ne s'oblige pas à rembourser.

449. *Qu'appelle-t-on rente nominative et rente au porteur?* — Une rente sur l'Etat est dite *nominative* lorsque le nom de la personne à laquelle elle doit être payée est inscrit sur le titre de rente. Une rente *au porteur* est celle dont le titre n'indique aucune personne, de sorte qu'elle doit être payée à celui qui présente le titre ou qui en est *porteur*.

450. *Une rente sur l'Etat n'est-elle pas une sorte de marchandise qui peut se vendre et s'achèter?* — Une rente sur l'Etat est considérée comme une marchan-dise. Celui qui a prêté à l'Etat une certaine somme et qui se trouve avoir besoin de son capital, peut céder ou *vendre* à un autre le droit qu'il avait acquis de recevoir la rente. Cette vente se fait à Paris et dans quelques autres villes, dans un établissement parti-culier appelé *Bourse*.

451. *Qu'appelle-t-on prix de la rente et quand dit-on que la rente est au pair?* — On appelle *prix de la rente* le capital qu'il faut donner une seule fois pour avoir le droit de recevoir chaque année une somme égale au taux de la rente. Par exemple, le prix de la rente 3 0/0 est le capital qu'il faut donner pour avoir droit à recevoir chaque année une rente de 3 fr. Ce prix peut être au-dessus ou au-dessous de 100 fr. Quand il est de 100 fr., on dit que la rente est au *pair*.

45 2. 5° RÈGLE. — Pour connaître la rente à laquelle donne droit un capital, on multiplie le capital par le taux, et on divise le produit par le prix auquel la rente a été achetée.

(En résumé, la règle des rentes est la même que la règle d'intérêt, excepté qu'au lieu de diviser par 100 on divise par le prix de la rente.)

453. *Exemples.* — 1er Ex. — Combien aura-t-on de rente 3 0/0 pour un capital de 4000 fr., la rente étant au prix de 70 fr.?

Opération.   4000
              $\times$ 3
              ——————
       12000| 70
            |——————
            | 171,42   (avec un reste.)

Réponse. — 171 fr. 42 c.

2e EXEMPLE. — Combien aura-t-on de rente $4\frac{1}{2}$ p. 0/0 pour un capital de 10000 fr., la rente étant au pair (c'est-à-dire la rente se payant 100 fr. *voy.* n° 451.)

Opération.   12000
              $\times$ 4,5
              ——————
              60000
              48000
              ——————
              540,000

Réponse. — 540 fr.

454. *Raison de la règle des rentes.* — Si chaque franc de capital rapportait 3 fr. de rente, il faudrait, pour avoir la rente demandée, répéter 4000 fois 3 fr. ou multiplier 3 fr. par 4000. Mais chaque franc de capital rapportant 70 fois moins, il faut diviser le produit obtenu par 70. — On raisonnerait de même sur tout autre exemple.

Actions et obligations.

455. *Qu'est-ce qu'une action et une obligation ?* — On appelle *action,* dans une entreprise financière, commerciale ou industrielle, une certaine somme donnée pour contribuer à l'entreprise, avec droit de participer au revenu variable qu'elle produira. — Une *obligation* est un prêt fait à une entreprise sous certaines conditions et avec droit à un revenu fixe. Il y a, par exemple, les actions et les obligations de chemins de fer. Les chemins de fer, avec leurs produits, appartiennent aux actionnaires, et les obligations sont des prêts faits aux actionnaires. — Parmi les obligations, il en est qui donnent droit à un tirage de loterie ; d'autres sont sans lots. — Les actions et les obligations sont du reste, comme les rentes, une sorte de marchandise qui se vend à la Bourse.

456. CALCUL DES ACTIONS ET DES OBLIGATIONS. — 6ᵉ RÈGLE — Pour avoir le revenu annuel auquel donne droit un capital placé en actions ou en obligations, on multiplie le capital par le revenu éventuel ou fixe de chaque action ou obligation, et on divise le produit par le prix de l'action ou de l'obligation.

457. *Exemple.* — On achète pour 10000 fr. d'obligations de 500 francs à 3 0/0 du chemin de fer d'Orléans au prix de 336 fr. Chaque action rapportant 15 fr. d'intérêt, quel est l'intérêt total des 10000 fr. ainsi placés ?

Réponse. — 446 fr. 42 c.

Opération.

$$
\begin{array}{r}
10000 \\
\times\ 15 \\
\hline
50000 \\
10\,00 \\
\hline
\end{array}
$$

$$
\begin{array}{r|l}
150000 & 336 \\
\hline
& 446{,}42
\end{array}
$$

Règle d'escompte.

458. *Qu'est-ce que l'escompte ?* — On appelle *escompte* l'intérêt qu'on retranche d'une somme portée sur un billet payable à une certaine époque, lorsque le porteur du billet veut en recevoir d'avance le montant. On appelle aussi escompte l'intérêt qu'on retranche d'une somme portée sur une facture de commerce pour paiement comptant.

459. *Explication.* — 1ᵉʳ EXEMPLE. — Pierre a reçu de Paul un billet par lequel celui-ci s'engage à payer trois mois après une somme de 500 fr. à lui, ou *à son ordre*, c'est-à-dire à une autre personne que Pierre désignera suivant sa volonté. Pierre, ayant besoin d'argent immédiatement, se présente chez un banquier qui, acceptant le billet, lui remet la somme de 500 fr. moins l'intérêt de cette somme pendant 3 mois. C'est cet intérêt retenu à Pierre qui s'appelle *escompte*. Le banquier, après avoir ainsi escompté le billet, en est propriétaire et s'en fera payer le montant par Paul 3 mois après, à l'échéance marquée sur le billet.

Pierre peut aussi se faire payer ce que lui doit Paul en *tirant* ou envoyant sur lui ce qu'on appelle une *traite*. Le banquier retient l'escompte de la somme portée sur la traite comme pour un billet.

Les banquiers prennent, en outre de l'escompte, sur les billets et les traites, un droit de commission dont nous ne parlerons pas ici.

2ᵉ EXEMPLE. — Un négociant reçoit des marchandises dont la facture s'élève à 500 fr. S'il paie comptant ou après un temps très-court, on le fera souvent jouir d'un escompte, de sorte qu'il aura à payer moins de 500 fr. Ordinairement cette sorte d'escompte ne dépend que de la somme portée sur la facture, le temps étant supposé égal pour toutes les factures.

460. CALCUL DE L'ESCOMPTE. — 6ᵉ RÈGLE. — La règle pour calculer l'escompte est la même que pour calculer l'intérêt. Il faut seulement remarquer que l'escompte est un intérêt qui doit se retrancher du capital au lieu de s'y ajouter. Quand il s'agit de l'escompte des factures, on calcule comme pour l'intérêt d'un an.

461. *Exemples.* — 1ᵉʳ EXEMPLE. — Quel sera l'escompte 6 0/0 d'un billet de 500 fr. payable dans trois mois et quelle est la valeur actuelle du billet, ou en d'autres termes combien le banquier donnera-t-il pour le billet ?

Opérations.

```
  500            500
×   6          −  7,50
──────         ──────
 30,00          492,50
×   3

──────
   90  | 12
       ─────
       | 7,50
```

Réponse. — 1° L'escompte sera de 7 fr. 50 c. — 2° Le banquier donnera 492 fr. 50 c. C'est là la valeur actuelle du billet.

2° EXEMPLE. — Un billet de 450 fr. payable le 1er juin est présenté à l'escompte le 15 avril précédent. A combien se réduit alors la valeur du billet, l'escompte étant à 6 0/0?

Opérations

$$450 \times 6 = 27{,}00 \times 47$$

$$189$$
$$108$$

$$1269 \mid 360$$
$$3{,}52$$

$$450 - 3{,}52 = 446{,}48$$

Explication. — Du 15 avril au 1er juin, il faut compter 47 jours. On devra donc calculer l'escompte 6 0/0 de 450 fr. pour 47 jours et retrancher cet escompte de 450 fr.

Réponse. — La valeur du billet au 15 avril est de 446 fr. 48 c.

3° EXEMPLE. — Une facture reçue par un négociant se monte à 334 fr. 75. Le négociant voulant payer comptant en profitant d'un escompte 6 0/0, combien devra-t-il payer?

Opérations.

$$435{,}75 \times 6 = 26{,}2450$$

$$435{,}75 - 26{,}24 = 409{,}51$$

Réponse. — La facture se réduira à 409 fr. 51 c.

Remises, droits de commission, primes d'assurances, etc.

462. *Qu'est-ce qu'une remise en matière de commerce?* — Une *remise* est une certaine réduction ou diminution que le marchand fait sur le prix ordinaire de la marchandise, lorsque, par exemple, il vend à un seul acheteur par grande quantité à la fois. C'est ainsi que les marchands *en gros* ont l'habitude de faire sur le prix de la marchandise une remise plus ou moins forte dont profitent les marchands *au détail.* Cette remise peut être de 10, 20, 25 p. 0/0 ou même davantage.

463. *Qu'appelle-t-on prix fort, prix net?* — Le prix d'une marchandise, sans la remise, s'appelle *prix fort;* le prix, déduction faite de la remise, s'appelle *prix net.*

464. *Qu'appelle-t-on droit de commission?* — Les commissionnaires chargés d'une vente, d'un achat ou d'une affaire quelconque, prennent pour prix de leur travail une certaine somme proportionnée à l'importance de l'affaire et qui s'appelle *droit de commission.* Le droit de commission peut être, par exemple, d'un demi pour 0/0 (c'est-à-dire 50 centimes pour 100 fr.), de 1 p. 0/0, 2 p. 0/0 ou plus, selon le soin ou le travail que demande l'affaire.

465. *Qu'est-ce que les primes d'assurances?* — On appelle primes d'assurances ce qu'on doit payer pour l'assurance d'une maison contre l'incendie, d'une récolte contre la grêle, etc. Elles s'estiment généralement à tant pour mille, par exemple 50 centimes pour 1000, 1 fr. pour 1000, etc, selon le danger plus ou moins grand des accidents contre lesquels on est assuré.

466. CALCUL DES REMISES, DROITS DE COMMISSION, PRIMES D'ASSURANCES, ETC. — 8e RÈGLE. — Les remises, droits de commission, primes d'assurances et les autres quantités analogues se calculent comme l'escompte des factures en observant que la division à faire à la fin de l'opération est une division par 100 ou par 1000 selon que le taux est marqué à tant pour 100 ou tant pour 1000. (Se rappeler que la division par 1000 se fait en séparant trois chiffres décimaux à la droite du produit.)

467. *Exemples.* — 1er EXEMPLE. — Sur une facture de 350 fr. on fait une remise de 25 0/0. A combien se réduit la facture, ou en d'autres termes, quel est le prix net de la marchandise fournie?

Opérations.

350	350	
× 25	— 87,50	
1750	262,50	
700		
87,50		

Réponse. — La facture se réduit à 262 fr. 50 c.

2e EXEMPLE. — Un commissionnaire prend le demi pour 100 de commission (50 c. pour 100 fr.) pour l'achat d'une marchandise dont la facture s'élève à 1850 fr. Combien lui est-il dû pour droit de commission?

Opération

1850
× 0,5
9,250

Réponse. — 9 fr. 25 c.

3ᵉ EXEMPLE. — On paie 60 c. p. 1000 pour l'assurance
Opération.   25500   d'une maison estimée 25500 fr. A
         $\times$ 0,6   combien se monte la prime d'assu-
         ———   rance ?
         15,3000   *Réponse.* — On paie 15 fr. 30 c.
pour l'assurance de la maison,

468. SIMPLIFICATION DU CALCUL POUR LES REMISES,
DROITS DE COMMISSION, ETC. — 9ᵉ RÈGLE. — Lorsqu'un
droit de commission est de 1 p. 0/0, il suffit, pour l'a-
voir, de prendre le centième de la somme totale ; lorsqu'une remise est de 10 p. 0/0 on prend le dixième ;
lorsqu'elle est de 20 p. 0/0 on prend le cinquième ;
lorsqu'elle est de 25 p. 0/0 on prend le quart.

469. *Exemples.* — 1ᵉʳ EXEMPLE. — (*Voy.* le 1ᵉʳ exemple ci-
dessus, n° 467).

Solution. — Pour avoir la remise 25 0/0 sur la facture se
montant à 350 fr., on prend le quart de 350 en divisant par
4 : on trouve 87 fr. 50, qu'on retranche de 350 fr. comme
dans l'opération ci-dessus.

2ᵉ EXEMPLE. — La poste prend 1 0/0 pour l'envoi d'une
somme d'argent plus 25 centimes de timbre quand la somme
dépasse 10 fr. (sans compter le port de la lettre d'envoi). D'a-
près cela, combien paiera-t-on à la poste pour l'envoi d'une
somme de 65 fr.

Solution. — Le droit de 1 0/0 revient à 1 centime par
franc ; on paiera donc autant de centimes qu'on envoie de
francs, c'est-à-dire 65 centimes, plus 25 centimes de timbre,
en tout 90 centimes.

Réponse. — On paiera 90 centimes, sans l'affranchissement
de la lettre.

Problèmes sur l'intérêt, l'escompte, etc.

I. INTÉRÊT SIMPLE.

Calculer l'intérêt des sommes suivantes :

1° *D'après la* 1ʳᵉ *règle,* n° 429, p. 175.

768. 3 000 fr. à 5 0/0 pendant un an. (*Voy.* 1ᵉʳ ex., p. 175).
769. 15 480 fr. à 4 0/0 pendant un an.
770. 25 465 fr. à 3 0/0 pendant un an.
771. 8565 fr. 50 à 4 0/0 pendant un an. (*Voy.* 2ᵉ ex., p.175).
772. 5 550 fr. à $4\frac{1}{2}$ 0/0 pendant un an.

773. 4 000 fr. à $4\frac{3}{4}$ 0/0 pendant un an.

774. 882 fr. 70 à $4\frac{1}{2}$ 0/0 pendant un an.

775. 1 451 fr. 50 à $3\frac{1}{4}$ 0/0 pendant un an.

2° *D'après la 2ᵉ règle*, n° 432 p. 175.

776. 15 695 fr. à 5 0/0 pendant 2 ans. (*Voy.* 1ᵉʳ ex., p. 176).

777. 40 000 fr. à $4\frac{1}{2}$ 0/0 pendant 6 ans.

778. 456 fr. 45 à 5 0/0 pendant 5 ans.

779. 5 567 fr. à 4 0/0 pendant 3 ans $\frac{1}{2}$. (*Voy.* 2ᵉ ex., p. 176).

780. 4 000 fr. à 6 0/0 pendant 2 ans $\frac{1}{2}$.

781. 15 400 fr. à 5 0/0 pendant 3 ans, 6 mois ou 3 ans $\frac{1}{2}$.

3° *D'après la 3ᵉ règle*, n° 435, p. 176.

782. 60000 fr. à 5 0/0 pendant 8 mois. (*Voy.* 1ᵉʳ ex., p. 177).

783. 4 500 fr. à $4\frac{1}{2}$ 0/0 pendant 5 mois.

784. 4500 fr. à $4\frac{1}{2}$ 0/0 pendant 5 jours.

785. 518 fr. 70 à 6 0/0 pendant 20 jours.
786. 710 fr. 55 à 5 0/0 pendant 15 jours.
787. 10 000 fr. à 5 0/0 pendant 1 an 3 mois. (2ᵉ ex., p. 177).

788. 7 500 fr. à $4\frac{1}{2}$ 0/0 pendant 2 ans 4 mois.

789. 7 200 fr. à $4\frac{3}{4}$ 0/0 pendant 1 an 9 mois.

790. 700 fr. à 5 0/0 pendant 3 mois 10 jours. (3ᵉ ex., p. 178).
791. 8 608 fr. 40 à 6 0/0 pendant 1 mois 12 jours.
792. 895 fr. à 5 0/0 pendant 1 an 8 mois 20 jours. (4ᵉ ex.).
793. 956 fr. à 4 0/0 pendant 2 ans 10 jours.
794. 8 154 fr. à 5 0/0 pendant 1 an 4 mois 25 jours.

795. 800 fr. à $4\frac{3}{4}$ 0/0 pendant 3 ans 5 mois 10 jours.

4° *Cas divers.*

796. Que vaut une somme de 50 000 fr. augmentée de ses intérêts simples à 5 0/0 pendant 20 ans ?

797. Que devient une dette de 1 500 fr. augmentée de ses intérêts à 5 0/0 pendant 3 ans ?

798. On a placé à la Caisse d'épargne une somme de 1350 fr. à 4 0/0. Combien retirera-t-on d'intérêt chaque année ?

799. On devait payer une somme de 5 000 fr. au 1er janvier 1860, et l'on était convenu que s'il y avait retard, les intérêts à 5 0/0 s'ajouteraient à la dette. Combien devra-t-on en tout, capital et intérêts, si l'on ne paie qu'au 1er juillet 1861 ?

800. Une personne doit payer au 15 février 450 fr. 75 c. Elle diffère son paiement jusqu'au 1er décembre de la même année. Combien devra-t-elle payer en comptant l'intérêt à 5 0/0 ?

801. On a déposé à la Caisse d'épargne une première année 155 fr., une deuxième année 140 fr. Quel intérêt a-t-on retiré à la fin de la première année et à la fin de la deuxième ?

802. On a placé à la Caisse d'épargne dans le cours d'une année 75 fr. au 1er janvier, 200 fr. au 1er avril, 50 fr. au 1er septembre. Quel sera l'intérêt total de ces divers placements jusqu'au 1er janvier suivant ?

803. On a emprunté à une personne 200 fr. au 1er février, au 1er avril et au 1er août, en s'obligeant à rendre le tout augmenté des intérêts à 5 0/0 au 1er avril de l'année suivante. Combien devra-t-on rendre ?

II. INTÉRÊT COMPOSÉ.

D'après la 4e règle, n° 441, p. 179.

Calculer l'intérêt composé des sommes suivantes :

804. 25 000 fr. à 5 0/0 pendant 2 ans. (*Voy.* 1er ex., p. 180).

805. 30 000 fr. à 5 0/0 pendant 3 ans.

806. 20 000 fr. à 5 0/0 pendant 4 ans.

807. 20 500 fr. à 5 0/0 pendant 2 ans 3 mois. (2e ex., p. 180).

808. 15 000 fr. à 5 0/0 pendant 2 ans $\frac{1}{2}$.

809. 20 000 fr. à 5 0/0 pendant 3 ans 5 mois.

810. Que devient un capital de 40 000 fr. augmenté de ses intérêts composés à 5 0/0 pendant 3 ans? (*Voy.* 3e ex., p. 181).

811. Que devient un capital de 2 500 fr. à 5 0/0 (intérêt composé) pendant 2 ans $\frac{1}{2}$?

812. Que devient un capital de 8500 fr. à 5 0/0 (intérêt composé) pendant 3 ans 5 mois ?

III. Rentes.

D'après la 5° règle, n° 452, p. 183.

813. Combien aura-t-on de rente 3 0/0 pour un capital de 15 008 fr., la rente étant au prix de 69 fr? (*Voy.* 1er exemple, p. 183).

814. Combien aura-t-on de rente $4\frac{1}{2}$ 0/0 pour 25 000 fr., la rente étant à 102 fr.?

815. Combien aura-t-on de rente 3 0/0 pour 8 500 fr., la rente étant au pair ? (*Voy.* 2° ex., p. 183)?

816. Combien aura-t-on de rente $4\frac{1}{2}$ 0/0 pour 12 600 fr., la rente étant au pair?

817. Combien, pour 28 000 fr., aura-t-on de rente $4\frac{1}{2}$ 0/0 au cours de 97 fr. 50 (1er ex., p. 183)?

818. La rente étant au cours de 70 fr. 50, quel est dans ce cas le taux réel de la rente nominale 3 0/0? En d'autres termes, combien, pour 100 fr., aura-t-on, alors de rente 3 0/0 ?

819. La rente $4\frac{1}{2}$ 0/0 étant à 102 fr. 75, quel est, d'après ce cours, l'intérêt de 100 fr.?

820. La rente 3 0/0 étant à 71 fr., quel est, d'après ce cours, le taux réel de la rente 3 0/0 ?

IV. Actions et obligations.

D'après la 6° règle, n° 456 p. 184.

821. Les obligations du chemin de fer d'Orléans se vendant 325 fr., quel sera le revenu annuel d'un capital de 30 225 fr. employé en achat de ces obligations, chacune d'elles rapportant 15 fr. ? (*Voy.* ex. n° 457, p. 184).

822. Quel sera le revenu d'un capital de 25 074 fr., placé dans les mêmes conditions, l'obligation étant au cours de 298 fr. 50 ?

823. Les actions du chemin de fer d'Orléans étant au cours de 926 fr., combien aura-t-on de ces actions pour un capital de 27 780 fr., et quel sera l'intérêt de ce capital en supposant que chaque action rapporte 62 fr. 25 ?

824. Une obligation 3 0/0 du chemin de fer du Nord se vendant au prix de 347 fr. et rapportant 15 fr., quel est à ce compte le produit annuel de 100 fr. de capital, ou, en d'autres termes, quel est le taux réel d'un placement fait en obligations du chemin de fer du Nord ?

825. Si la même obligation se vendait 295 fr. 50, quel serait le taux du placement ?

V. — ESCOMPTE.

D'après la 7e règle, nº 460, p. 185.

1º Escompte des billets et des traites. (Voy. 1er et 2e ex., nº 461.)

826. Quel est l'escompte à 6 0/0 d'un billet de 275 fr., payable dans un an ?

827. Quel est l'escompte à 6 0/0 d'un billet de 523 fr. 20, payable dans trois mois ?

828. Quel est l'escompte 6 0/0 d'un billet de 250 fr., payable dans 2 mois 10 jours ?

829. Quel est l'escompte 6 0/0 d'un billet de 75 fr. 50, payable dans 1 ans 25 jours ?

830. Quel est l'escompte 6 0/0 d'un billet de 350 fr., payable dans 2 mois, et quelle sera la somme donnée par le banquier pour ce billet ?

831. Quel est l'escompte 6 0/0 d'un billet de 500 fr., payable dans deux mois, et quelle est la valeur actuelle du billet ?

832. Que vaut un billet de 500 fr., payable dans 8 mois, l'escompte étant à 6 0/0 ?

833. Quelle est la valeur actuelle d'un billet de 755 fr., payable dans 25 jours, l'escompte étant à 6 0/0 ?

834. Combien recevra-t-on pour un billet de 75 fr., payable dans 3 mois 15 jours et escompté à 5 0/0 ?

835. On veut, chez un banquier, fournir une traite payable dans 3 mois. Combien le banquier prendra-t-il d'escompte à 6 0/0 ?

836. Un billet de 200 fr., payable le 1er juillet est présenté à l'escompte le 1er juin. A combien se réduira le billet, l'escompte étant à 6 0/0 ? (*Voy.* 2e ex. p. 186)

837. Combien recevra-t-on pour un billet de 275 fr. 65, payable le 15 mai et qui est présenté à l'escompte le 10 février, escompte 6 0/0 ?

2° *Escompte des factures.* (*Voy.* 3° ex., p. 186.)

838. Quel est l'escompte à déduire du montant d'une facture de 840 fr., pour paiement comptant, l'escompte étant de 5 0/0 ?

839. Quel sera l'escompte 5 0/0 pour une facture s'élevant à 47 fr. 75, et à quelle somme se réduira le montant de la facture ?

840. Combien devra-t-on payer pour une facture s'élevant à 565 fr., l'escompte étant déduit au taux de 2 0/0 ?

841. Combien devra-t-on payer au comptant pour une facture s'élevant à 950 fr., l'escompte étant de 6 0/0 ?

VI. — REMISES, DROITS DE COMMISSION, PRIMES D'ASSURANCES, ETC.

1° *D'après la 8° règle,* n. 466, p. 187.

842. Un marchand fait une remise de 15 0/0 sur une facture s'élevant à 127 fr. A combien se réduit la facture ?(*Voy.* 1ᵉʳ ex., p. 187).

843. Combien devra-t-on pour un achat se montant à 740 fr. 80, le marchand faisant une remise de 20 0/0?

844. A combien revient une remise de 8 0/0 sur un achat de 785 fr. 75 ?

845. Combien devra-t-on, prix net, pour une marchandise marquée 450 fr. prix fort, la remise étant de 25 0/0?

846. Quel est le prix net d'une marchandise marquée 4 fr. 50, la remise étant de 15 0/0?

847. Un commissionnaire prend 2 0/0 de commission pour un achat se montant à 1580 fr. Combien lui est-il dû de commission ?

848. A combien se monte le droit de commission calculé à un demi pour cent, pour un achat se montant à 2580 fr. ? (*Voy.* 2° ex., p. 187).

849. A combien se monte le droit de commission calculé à $1\frac{1}{2}$ p. 0/0, pour une affaire de 1585 fr. ?

850. Un commissionnaire prend 3 0/0 de commission sur une vente se montant à 925 fr. Quelle sera d'après cela la somme reçue par le vendeur, le droit de commission étant déduit.

851. On paie 50 cent. pour 1000 fr. pour l'assurance contre l'incendie d'une maison estimée 15 500 fr. Combien doit-on donner à la compagnie d'assurance ? (*Voy.* 3° ex., p. 188.)

11.

852. Quelle sera la prime d'assurance contre la grêle pour une récolte estimée 2500 fr., au taux de 2 fr. 50 pour 1000 ?

853. Combien paiera-t-on pour l'assurance contre l'incendie d'une récolte de grains et fourrages estimée 15000 fr., au taux de 0,75 pour 1000 ?

854. Quelle sera la remise calculée à 10 0/0 sur une facture de 355 fr., et à combien se réduira la facture ? (Règle du nᵒ 466, ou mieux celle du nᵒ 468, p. 186, 188.)

855. A combien se réduirait la même facture si la remise était de 25 0/0 ? (Nᵒ 466 ou 468).

856. A combien se réduit un facture de 182 fr. 75 la remise étant de 20 0/0 ? (Nᵒ 466 ou 468).

857. Combien paiera t-on à la poste pour un envoi de 45 fr. ? (*Voy.* 2ᵉ ex. du nᵒ 469, p. 188.)

858. Combien paiera-t-on pour un mandat sur la poste de 75 fr. 50 (*Voy.* même ex.)

859. Sur un achat se montant à 52 000 fr. on a fait un bénéfice de 12 0/0. A quelle somme s'est élevé le bénéfice ? (Règle du nᵒ 466.)

860. On a gagné 15 0/0 du capital engagé dans un commerce. Ce capital étant de 45500 fr., combien a-t-on gagné ? (Même règle.)

861. Le vin de Bordeaux contient environ 9 0/0 d'alcool ou esprit de vin. D'après cela, combien de litres d'alcool pur dans 155 litres de vin de Bordeaux ? (Même règle.)

CHAPITRE XIII.

Règle de société et de répartition proportionnelle.

470. *Qu'appelle-t-on quantités proportionnelles ?* — On dit que deux quantités sont *proportionnelles* si l'une étant supposée un certain nombre de fois *plus petite*, l'autre devient le même nombre de fois *plus petite*. Par exemple, la quantité d'une marchandise et la somme qu'on doit payer pour cette marchandise sont des quantités proportionnelles, parce que *moins* il y a de marchandise, *moins* il faut payer.

Au lieu de dire que deux quantités sont proportionnelles, on dit aussi qu'elles sont *en raison* l'une de l'autre.

471. *Qu'est-ce que des quantités inversement proportionnelles?* — Deux quantités sont dites *inversement proportionnelles* si l'une étant supposée un certain nombre de fois *plus petite*, l'autre devient le même nombre de fois *plus grande*. Par exemple, le nombre des ouvriers employés à faire un ouvrage et le temps qu'il leur faut pour l'exécuter sont des quantités inversement proportionnelles, parce que *moins* il y a d'ouvriers, *plus* il faut de temps.

Au lieu de dire que deux quantités sont inversement proportionnelles, on dit également qu'elles sont *en raison inverse.*

472. *Ce que c'est que la règle de société.* — Plusieurs négociants ou industriels peuvent s'unir pour une affaire ; s'ils mettent ensemble la même somme d'argent pendant le même temps, ils auront droit à la même part de bénéfice ; mais si leurs *mises* sont inégales, celui qui mettra plus d'argent aura droit à un bénéfice plus grand, de sorte que le bénéfice total devra être partagé en parties proportionnelles aux mises des associés. La règle de société a pour but de faire ce partage.

473. 1re RÈGLE (RÈGLE DE SOCIÉTÉ). — Pour avoir la part de chaque associé on multiplie le bénéfice total par chaque mise et on divise le produit par la somme des mises. — Il est utile de faire la *preuve* de l'opération. Pour cela, on additionne les résultats obtenus: on doit retrouver le bénéfice total.

474. *Exemple.* Trois négociants associés pour un commerce ont fait un bénéfice de 3500 fr. Leurs mises étaient de 8000 fr., 11000 fr. et 14000 fr. Quelle est la part de chacun dans le bénéfice?

```
Opérations.     8000          3500
             +  11000       ×  8000
             +  14000       ─────────
             ─────────      28000000 │ 33000
               33000                 ├──────
                                     │ 848,48
```

		Preuve.	848,48
3500	3500		1166,66
11000	14000		1484,84
3500000	14000000		
3500	3500		3499,98
38500000 | 33000	49000000 | 33000		
1166,66	1484,84		

Réponse. — Les parts des trois associés sont : 848 fr. 48 ; 1166 fr. 66 ; 1484,84.

NOTA. L'erreur de 2 centimes à la preuve tient à ce que les divisions ne s'étant pas faites sans reste, les parts obtenues ne sont pas tout à fait exactes.

475. *Raison de la règle de société.* Raisonnons sur l'exemple précédent. La somme des mises étant faite, on voit que 33 000 fr. ont servi à gagner 3 500 fr. Le gain d'un seul franc de mise est donc la 33 000ième partie du gain total. D'après cela pour trouver combien la première mise a gagné, on dit : Si chaque franc de mise gagnait 3 500 fr., on aurait le gain de 8 000 fr. en multipliait 3500 par 8000, mais le gain d'un franc étant 33 000 fois moindre, il faut diviser le produit obtenu par 33 000. On raisonnerait de même pour les deux autres mises.

On trouve des parts proportionnelles aux mises, parce que dans le calcul de chaque part il n'y a qu'un nombre qui varie, et ce nombre est la mise par laquelle on multiplie le gain total. Chaque résultat dépend donc de chaque mise, de telle sorte que si elle est deux fois, trois fois.... plus grande, il est lui-même deux fois, trois fois plus grand.

476. 2ᵐᵉ RÈGLE. (RÈGLE GÉNÉRALE DE RÉPARTITION PROPORTIONNELLE).— Pour partager un nombre en plusieurs parties proportionnelles à d'autres nombres, on opère comme pour la règle de société, en considérant le nombre à partager comme un bénéfice et les autres nombres comme des mises.

477. *Exemple.* — PROBLÈME. — Partager un héritage de 40000 fr. entre trois héritiers, en parties proportionnelles aux nombres 5, 3, 2. (Ceci signifie que les trois parts comparées

entre elles devront être comme les nombres 5, 3, 2, comparés entre eux.)

Opérations.   Preuve.

$\begin{array}{r} 5 \\ + 3 \\ + 2 \\ \hline 10 \end{array}$ $\begin{array}{r} 4000 \\ \times 5 \\ \hline 2000,0 \end{array}$ $\begin{array}{r} 4000 \\ \times 3 \\ \hline 1200,0 \end{array}$ $\begin{array}{r} 4000 \\ \times 2 \\ \hline 800,0 \end{array}$ $\begin{array}{r} 2000 \\ 1200 \\ 800 \\ \hline 4000 \end{array}$

Explication. — Un chiffre est séparé par une virgule sur la droite des trois produits à cause de la division par 10.

Réponse. — Les trois parts de l'héritage sont : 200 fr., 1200 fr., 800 fr.

478. *Remarque.* — La règle de société est un cas particulier de la règle de répartition proportionnelle. Les deux règles n'en font donc qu'une et elles ont la même raison.

Problèmes.

862. Deux associés ont mis dans un commerce l'un 2400 fr. et l'autre 5000 fr. Ils ont gagné 900 fr. Quelle est la part de chacun ?

863. Partager un bénéfice de 7 000 fr. entre deux associés dont les mises sont de 42 000 fr. et de 31 000 fr. ?

864. Trois associés ont mis dans un commerce le premier 4 500 fr., le second 2 100 fr. et le troisième 700 fr. Le bénéfice total ayant été de 900 fr., quelle est la part de chacun ?

865. Partager un bénéfice de 750 fr., entre trois associés dont le premier a mis dans la société 1200 fr., le second 780 fr. et le troisième 900 fr. ?

866. Partager une somme de 600 fr. en deux parts proportionnelles aux nombres 8 et 4.

867. Partager 8000 fr. en trois parts proportionnelles aux nombres 1, 4, 5.

868. Partager 2500 fr. en quatre parts proportionnelles aux nombres 2, 3, 4, 5.

869. On veut partager 100 dragées entre deux enfants d'après le nombre de bons points qu'ils ont obtenus en classe dans une semaine. L'un ayant obtenu 17 bons points et l'autre 8, qu'elle sera la part de chaque enfant ?

870. 10000 francs de secours ont été accordés à trois personnes qui ont souffert d'une inondation, pour être partagés en proportion de leurs pertes. La perte de la première personne ayant été évaluée à 50000 fr., la perte de la seconde à 75000 fr. et la perte de la troisième à 90000 fr., quelle sera la part de chacune dans le secours ?

871. Une gratification de 100 fr. a été faite à quatre ouvriers qui doivent se la partager d'après les nombres de jours de travail de chacun. Le premier ayant travaillé 45 jours, le second 64 jours, le troisième 75 jours et le quatrième 110 jours, quelle sera la part de chaque ouvrier ?

872. A cause de la cherté des vivres, une maison de commerce distribue une somme de 800 fr. à quatre employés en raison inverse de leurs traitements, c'est-à-dire que les traitements les plus faibles seront les plus augmentés. Le traitement du premier employé est de 2500 fr., celui du second de 2000 fr., celui du troisième de 1800 fr. et celui du quatrième de 1500 fr. D'après cela, quelle sera l'augmentation de chaque employé ?

CHAPITRE XIV.

Règle des moyennes.

479. *Qu'est-ce qu'une moyenne?* — On appelle *moyenne* un nombre qui tient le milieu entre plusieurs autres nombres.

480. Règle. — Pour avoir la moyenne de plusieurs nombres, on les additionne et on divise leur somme par 2 s'il y a deux nombres, par 3 s'il y a trois nombres, et ainsi de suite.

481. *Exemple.* — Quelle est la moyenne des quatre nombres suivants : 84, 80, 75, 85 ?

Opération.   84   *Réponse.* — La moyenne demandée est 81.
            80
            75   *Vérification.* — Dans 84, le premier des nombres proposés,
            85   il y a trois unités au-dessus de 81,
      324 | 4   et dans 85 il y en a 4, ce qui fait en tout 7. D'un autre côté, dans
            | 81   80 il y a 1 unité au-dessous de 81

et dans 75 il y en a 6, ce qui fait aussi 7.

482. *Raison de la règle des moyennes.* — (Exemple précédent). — Le quotient 81 répété 4 fois doit faire 324, c'est-à-dire autant que les quatre nombres pro-

posés. Donc, si quelques-uns de ces nombres sont au-dessous de 81, il faut, par compensation, pour faire le même total, que quelques-uns soient au-dessus d'autant. Donc 81 tient le milieu entre lesquatre nombres, c'est à-dire qu'il est la moyenne cherchée. On raisonnerait de même sur tout autre exemple.

Problèmes.

873. Quelle est la moyenne des deux nombres 64 et 58 ?

874. Quelle est la moyenne des trois nombres 106, 101, 108 ?

875. Un écolier a eu pendant un trimestre les notes représentées par les chiffres 6, 4, 5. Quelle note a-t-il eue en moyenne ?

876. Deux arpenteurs ayant mesuré un champ, l'un a trouvé 3 hecta. 45 a. 04 ca., l'autre 3 hecta. 44 a. 36 ca. Quelle est d'après cela la mesure probable du champ ?

877. Un écolier a eu les places suivantes dans les compositions : 8, 4, 5, 11, 1, 3, 7, 6, 9. Quelle a été sa place moyenne ?

878. On a mesuré à quatre reprises différentes la longueur d'une ligne. On trouvé la première fois 271 m. 51, la deuxième fois 272 m. 3, la troisième fois 271 m. 8, la quatrième fois 270 m. 5. Quelle est, d'après cela, la longueur la plus approchée de cette ligne ?

879. Une personne a dépensé le dimanche 5 fr. 25, le lundi 3 fr. 60, le mardi 3 fr. 10, le mercredi *rien*, le jeudi 6 fr. 50, le vendredi 2 fr. 80, le samedi 2 fr. 95. Quelle a été sa dépense moyenne de chaque jour de la semaine ?

880. La moyenne du prix de l'hectolitre de blé a été une année de 25 fr. 50, une deuxième année de 20 fr. 40, une troisième année de 15 fr. 75, une quatrième année de 29 fr. 50, une cinquième année de 18 fr. 45. Quelle a été la moyenne générale du prix du blé pendant les cinq années ?

881. On a compté les lettres de plusieurs lignes prises au hasard dans un livre. Il s'est trouvé une ligne de 51 lettres, une de 56, une de 49, une de 54. Quelle est en moyenne le nombre des lettres de chaque ligne de ce livre ?

CHAPITRE XV.

Règle de mélange.

483. *Qu'est-ce que la règle de mélange ?* — **La règle de mélange est une sorte de règle de moyenne.** Elle sert principalement à trouver le prix moyen de plusieurs qualités d'une même marchandise mélangées ensemble, comme dans l'exemple suivant :

Exemple : On a mêlé ensemble 87 litres de vin à 25 centimes le litre et 76 litres à 40 centimes. A combien revient le litre du mélange ?

484. RÈGLE. — **On fait la somme des quantités mélangées et on cherche le prix total des mêmes quantités. On divise la seconde somme par la première. Le quotient est le prix moyen demandé.**

485. *Exemple.* — Le problème donné tout à l'heure en exemple (n° 483).

Solution. — On fait la somme des litres, on trouve 163. On cherche le prix de 87 litres et celui de 76 litres ; la somme de ces deux prix est de 52 fr. 15. On divise 52,15 par 163.

$$
\begin{array}{r}
87 \times 0,25 = 21,75 \\
+\ 76 \times 0,40 = 30,40 \\
\hline
163 \qquad\qquad 52,15
\end{array}
\quad\Big|\ \dfrac{163}{0,31\ \text{(Reste 162)}.}
$$

Réponse. — Le litre du mélange revient à environ 31 cent., ou plutôt à 32 cent., à cause du reste de la division.

486. *Raison de la règle de mélange.* — (Exemple précédent). — Connaissant le prix d'un litre de chaque espèce, on doit multiplier pour avoir le prix de plusieurs litres. Additionnant ensuite les nombres de litres de chaque espèce et les prix obtenus on trouve que 163 litres de mélange coûtent 52 fr. 15 c. Connaissant ainsi le prix de plusieurs litres de mélange, il faut évidemment diviser pour avoir le prix d'un seul litre.

Problèmes de mélange.

882. On a mêlé 37 hectol. de blé à 21 fr. l'hectolitre avec 70 hectol. à 19 fr. Quel sera le prix de l'hectolitre du mélange ?

883. On a mêlé ensemble trois espèces de vin : 220 litres à 30 c. le litre, 150 litres à 26 c , et 315 litres à 32 c. Quel est le prix du litre de mélange ?

884. On a mêlé un hectol. de blé de 16 fr. avec un hectol. de seigle de 10 fr. Quel sera le prix de l'hect. du mélange ?

885. On a mêlé 25 litres de vin à 25 c. le litre avec 15 litres d'eau. A combien revient le litre de la boisson ainsi formée ?

886. On a mêlé 3 hectol. de vin à 15 c. le litre avec 2 hectol. 50 lit. à 21 c. Quel est le prix d'un litre de mélange ?

887. On a mêlé 8 hectol. de blé à 2 fr. 20 le décalitre avec 6 hectol. à 1 fr. 90 le décalitre. Quel est le prix d'un décal. du mélange ? Quel est le prix d'un hectolitre ?

888. On mêle 725 litres de vin qui ont coûté 15 fr. l'hectol. avec 315 litres qui ont coûté 17 fr. l'hectol. A combien revient le litre du mélange ?

889. On a mêlé 7 hectol. de vin à 15 c. le litre, 4 hectol. 50 à 18 c. et 5 hectol. 25 à 20 c. A combien revient le litre du mélange ? A combien revient l'hectolitre ?

Problèmes de récapitulation sur toute l'arithmétique élémentaire.

890. Une personne a acheté 17 mètres 50 centim. de toile à 3 fr. 25 le mètre, 3 m. 25 centim. de drap à 12 fr. 50 le mètre, 8 m. 40 centim. de flanelle à 4 fr. le mètre. Quelle a été sa dépense totale ?

891. Un particulier a 250 fr. de revenu par mois. Il dépense 95 fr. pour sa nourriture, 25 fr. pour son habillement, 20 fr. pour son logement, 10 fr. pour voyage et 15 fr. pour divers besoins. Combien lui reste-t-il ?

892. Un marchand de blé a acheté 8 hectol. 4 décal. de blé à 21 fr. 50 l'hectolitre, 18 hectol. 8 décal. à 19 fr. 75, 13 hectol. 4 décal. à 20 fr. 25. Quel est le montant de ces trois achats ?

893. Un cultivateur emploie 8 ouvriers chaque jour pendant sept semaines, 12 ouvriers pendant 4 semaines et 5 ouvriers pendant 9 semaines. Combien de journées de travail le

cultivateur devra-t-il en tout et quelle somme aura-t-il à payer, la journée étant de 1 fr. 50 ?

894. Un épicier a vendu à une même personne 2 kil. 500 gr. de savon à 1 fr. 20 le kilog., 2 kilog. de bougies à 2 fr. 40, et 500 gr. de sucre à 1 fr. 50 le kilog. A combien se montent les achats de cette personne ?

895. Un employé gagne 3200 fr par an. Combien gagne-t-il par jour ?

896. Combien doit-on pour 5 m. 75 de mousseline à 1 fr. 25 le mètre, 9 m. 15 de calicot à 1 fr. 15 et 2 m. 50 de drap à 15 fr. ?

897. Combien coûtent 25 hectol. 4 décal. d'avoine à 1 fr. 90 le double décalitre ?

898. Le propriétaire d'une maison a loué un appartement au rez-de-chaussée 450 fr , deux appartements au 1er étage 150 fr. chaque. Il fait dans l'année pour 175 fr. de répara-tions et il a payé 32 fr. 50 d'impôts. Combien sa maison lui a-t-elle rapporté cette année ?

899. Un terrain de 984 m. carrés de superficie a été par-tagé en trois lots d'égale étendue, dont l'un a été vendu 7 fr. le mètre carré, le second 6 fr. 50, le troisième 5 fr. Dites le prix total du terrain ?

900. Une personne est née en 1809 ; quel âge avait-elle en 1867 ?

901. Un mètre de toile coûtant 2 fr. 25, combien en au-rait-on de mètres pour 175 fr. ?

902. On a acheté 175 douzaines d'œufs à 65 c. la douzaine. Combien faudra-t-il revendre le tout pour gagner 10 cen-times par douzaine ?

903. 350 douzaines d'œufs ont coûté 67 fr. 50 les 100 dou-zaines. Combien le tout ?

904. Un casseur de pierres reçoit 1 fr. 25 pour chaque mètre cube de pierres cassées. Il en a cassé 45 m. cubes dans 25 jours de travail. A combien revient la journée ?

905. Un cultivateur a loué 3 hectares 50 ares de terre labourable dont il paie 32 fr. l'hectare. Il a dépensé en frais de culture 80 fr. par hectare. Il a récolté en tout 46 hectol. de blé qu'il vend 4 fr. 20 le double décalitre. Quel est son bénéfice total ?

906. Quels sont les 8 dixièmes de 90 ?

907. On a acheté pour meubler un appartement un lit en acajou de 90 fr., deux fauteuils de 48 fr. chaque, 6 chaises à 70 fr. la douzaine, une glace de 35 fr. et une autre de 20 fr. Quel est le montant de cette dépense ?

908. 15 sacs de blé contenant en tout 25 hectolitres ont coûté 450 fr. Combien a coûté le décalitre ?

909. Un marchand a vendu pendant le mois de janvier

pour 1480 fr. de marchandise ; en février pour 900 fr.; en mars pour 1300 fr. 50 ; en avril pour 1275 fr. 75 ; en mai pour 1514 fr.; en juin pour 1190 fr. 60. Combien a-t-il vendu en moyenne par mois pendant ce premier semestre de l'année ?

910. On dépense par jour pour la nourriture d'un cheval 8 kilogr. de foin qu'on a payé 70 fr. les 1000 kilog., et 4 litres d'avoine à 90 c. le décalitre. Quelle est la dépense du cheval pendant une année ?

911. Un marchand de drap et un marchand épicier échangent leurs factures : celle du marchand de drap porte 4 m. 50 de drap noir à 15 fr. 50 le mètre ; celle de l'épicier 4 pains de sucre pesant chacun 8 kilog., à 1 fr. 40 le kilog., 10 kilog. de bougies à 2 fr. 30 le kilog., 2 kilog. de café à 4 fr. le kilog. Lequel des deux marchands redoit à l'autre, et combien ?

912. Un père partage son bien estimé 150 000 fr. entre ses quatre enfants, de manière que l'aîné, à cause de certaines charges qu'il lui laisse, ait 15800 fr. de plus que les trois autres. Combien reviendra-t-il à chacun ?

913. Sur 72 enfants d'une école, huit étaient nés en 1853, sept en 1854, neuf en 1855, dix en 1856, huit en 1857, quatre en 1858, onze en 1859, dix en 1860, cinq en 1861. Combien, en 1868, y avait-il de ces enfants au-dessus de 12 ans, combien au-dessous, et combien tous les âges réunis faisaient-ils ensemble ?

914. On mélange 4 hectol. de vin à 18 fr. l'hectolitre avec 2 hectol. à 15 fr. Quel sera le prix de l'hectolitre du mélange? Quel sera le prix du litre ?

915. Une classe est partagée en cinq divisions dont trois de 10 élèves chacune et deux de 8 élèves. Chaque élève faisant 10 pages d'écriture par semaine, combien de pages la classe entière fera-t-elle en 40 semaines ?

916. Le mètre cube de sable coûtant 75 centimes, combien paiera-t-on pour 18 m. cub. et demi ?

917. Les œufs coûtant 550 fr. le mille, à combien revient la douzaine ? (On cherche d'abord combien il y a de douzaines dans un mille.)

918. Les œufs coûtant 70 cent. la douzaine, combien coûte le mille ? (On cherche d'abord comme pour le problème précédent combien il y a de douzaines dans un mille.)

919. On achète 35 paires de poulets à 2 fr. 50 la paire. Combien devra-t-on les revendre pour gagner 8 fr. sur le tout ?

920. La farine 1re qualité se vend 48 fr. 50 les 100 kilog. A combien revient le kilogramme de farine ? Combien coûte le sac de 157 kilog. ?

921. Le sac de farine de 157 kilogrammes coûte 70 fr. A combien revient le kilog. de farine? A combien reviennent les 100 kilog.?

922. Une bibliothèque a 9 rayons contenant chacun 80 volumes. Quel est le nombre des volumes de la bibliothèque? Combien tiendrait-il de volumes dans 3 bibliothèques semblables?

923. Un enfant reçoit chaque semaine pour ses menus plaisirs 1 fr. 50. Sur cette somme il donne 25 cent. aux pauvres, et à la fin de l'année il lui reste 15 fr. Combien a-t-il dépensé chaque semaine pour ses menus plaisirs?

924. Deux associés ont mis dans un commerce l'un 7 200 fr. et l'autre 4 300 fr. Ils ont gagné 2 525 fr. Quelle est la part de chacun dans le bénéfice?

925. On paie 0 fr. 75 p. 1000 pour l'assurance d'une maison estimée 45000 fr. Combien doit-on à la compagnie d'assurance?

926. Un mémoire d'épicerie porte 9 kilog. 500 de sucre à 1 fr. 40 le kilog., 3 kil de café à 4 fr. 80 le kil., 2 lit. 5 d'eau-de-vie à 1 fr. 80 le litre, 6 kilog. 5 de bougie à 2 fr. 30 le kilog., 8 kilog. de chocolat à 3 fr. 60 le kilog. On a donné 50 fr. à compte sur ce mémoire. Combien doit-on encore?

927. On reçoit une facture de librairie se montant à 270 fr. Le libraire faisant une remise de 10 0/0 et accordant en outre un escompte de 6 0/0 pour paiement comptant, à combien se réduit la facture?

928. On emprunte une somme de 250 fr. en s'obligeant à la rendre dans six mois avec l'intérêt à 5 0/0. Quelle sera la somme totale à rembourser?

929. Un marchand tailleur a fait un achat de drap se montant à 850 fr. prix fort. Il jouit d'une remise de 15 0/0 et d'un escompte de 3 0/0 pour paiement comptant. A combien se réduit la facture?

930. Un entrepreneur occupe 8 ouvriers à raison de 3 fr. par jour, 15 ouvriers à 2 fr. 50, et 25 ouvriers à 2 fr. Combien a-t-il à payer de journées chaque jour et quelle est en moyenne le prix de chaque journée?

931. On a mesuré à trois reprises différentes la longueur d'un chemin : la première fois on a trouvé 1545 m., la seconde fois 1542 m. 50, la troisième 1546 m. Quelle est, d'après cela, la longueur probable du chemin?

932. Un marchand de bois a acheté une coupe de bois 890 fr. Il en a vendu 50 stères à 10 fr. 50, 30 stères à 11 fr. 25 et 25 stères à 12 fr. Combien a-t-il gagné sur son achat?

933. Une personne veut distribuer 100 kilog. de pain entre 40 pauvres. Combien chacun aura-t-il?

934. Un mètre de toile coûtant 4 fr. 50, combien coûteront 5 mètres et demi ?

935. 75 familles pauvres ont été victimes d'une inondation. Une souscription ouverte en leur faveur a produit 4 575 fr., l'Etat accorde en même temps un secours de 6000 fr. et la commune ajoute 1500 fr. Combien chaque famille recevra-t-elle à partage égal ?

936. On a employé pour sabler les allées d'un jardin 45 m. cubes de sable à 1 fr. 50 le mètre cube. Ces allées ayant une surface totale de 12 ares 8 centiares, combien chaque mètre carré a-t-il reçu de sable, et combien ce sable, pour chaque mètre carré, a-t-il coûté ?

937. Un boucher a fourni à un hôtel pendant une semaine 35 kilog. de bœuf à 1 fr. 20 le kilog , 22 kilog. de veau à 1 fr. 60 le kilog., et 12 kilog. de mouton à 1 fr. 40 le kilogramme. Combien est-il dû au boucher pour la semaine ?

938. La rente 3 0/0 se vendant 67 fr., combien aura-t-on de cette rente pour 4500 fr. ?

939. Un domestique dont le gage est de 170 fr. sert dans une maison depuis 15 ans; sa dépense est, année moyenne, de 70 fr. A combien se montent ses économies des quinze années, en tenant compte des intérêts simples, à 5 0/0 ?

940. Un mètre cube de pierres coûtant 2 fr. 50, combien coûteront 8 m. cubes et un quart?

941. Un billet de 800 fr. payable dans trois mois est escompté à 6 0/0. Combien recevra-t-on du banquier pour ce billet ?

942. Il meurt sur toute la terre une personne environ par seconde ; combien meurt-il de personnes en une année ?

943. Combien s'est-il écoulé de jours en quinze années, de 1830 inclusivement à 1844, en tenant compte des années bissextiles ? (*Voy.* nᵒˢ 392 à 394, p. 166).

944. Un salon a 8 m. de longueur, 6 m. 50 de largeur et 3 m. 25 de hauteur. Combien de litres d'air contient-il ?

945. Un vitrier a posé dans un appartement 12 carreaux à 1 fr. 25 pièce et 4 carreaux à 1 fr. 50. Combien lui est-il dû ?

946. Combien coûteront 5 douzaines de serviettes à 1 fr. 60 pièce ?

947. 3 m. 30 d'étoffe ont coûté 17 fr. 50. A combien revient le mètre ?

948. On a mêlé 150 litres de vin à 25 c. le litre avec 75 litres à 28 c. et 180 litres à 31 c. A combien revient le litre de mélange ?

949. Combien paiera-t-on d'escompte 6 0/0 pour un billet de 500 fr. payable dans 3 mois ?

950. Un meunier devait à un marchand de blé une somme

de 1450 fr. sur laquelle il a payé 500 fr. Il a reçu depuis 25 hectol. 6 de blé à 19 fr. 80 l'hectolitre. Combien doit-il actuellement au marchand de blé ?

951. Combien faudra-t-il de carreaux de 2 décim. carrés de surface pour carreler une chambre présentant une superficie de 26 m. carrés ?

952. On a payé 3 500 fr. pour 1 hectare 50 ares de terrain. A combien revient l'are ?

953. On a acheté du café en trois fois : la première fois 2 kilog. 5, la deuxième fois 625 gr. et la troisième fois 1 kil. 25 gr. Combien paiera-t-on pour le tout, le café se vendant 4 fr. 50 le kilogramme ?

954. Quels sont les 25 centièmes de 800 ?

955. Quel est le prix de 5 m. $\dfrac{3}{4}$ de drap à 12 fr. le mètre ?

956. On a payé 15 fr. 50 pour le transport de 300 kilog. de marchandise. A combien revient le transport pour 1 kilogramme ? A combien revient-il pour un quintal ? pour une tonne ? (*Voy.* n° 347, p. 143.)

957. Trois ouvriers ont à combler un étang de 1600 m. cubes de capacité. Leur travail est payé à raison de 1 fr. 50 le mètre cube. Combien chacun recevra-t-il ?

958. Une roue a fait 45 000 tours en 2 heures 20 minutes. Combien fait-elle de tours par seconde ?

959. Calculer l'intérêt de 8500 fr. à 4 $\dfrac{1}{2}$ 0/0 pendant 8 mois.

960. Un commissionnaire prend 1 $\dfrac{1}{2}$ 0/0 pour un achat se montant à 850 fr. A combien revient la marchandise ?

961. On a payé 4 ares de terrain 18 fr. 50 l'are. Combien se vendra l'hectare du même terrain ?

962. Combien de décimètres cubes dans 8 m. cubes ? Combien dans 8 m. cub. 5 ?

963. Combien de décimètres carrés dans 8 m. carrés ? Combien dans 8 m. carr. 5 ?

964. Deux associés ont fait un bénéfice de 780 fr. avec des mises de 2400 fr. et de 1850 fr. Partager entre eux le bénéfice.

965. On a acheté 18 hectol. de blé à 22 fr. l'hectolitre. Combien gagnera-t-on en tout sur cet achat en revendant l'hectolitre 75 centimes de plus ?

966. Un capital de 8 000 fr. est placé à 5 0/0 pendant 4 ans. Que deviendra ce capital augmenté des intérêts composés pendant ce temps ?

967. Une maison estimée 10 000 fr. rapporte 3 0/0 de loyer à son propriétaire. Combien est-elle louée ?

968. On veut envoyer par la poste une somme de 95 fr. Combien faudra-t-il donner pour cela ? (Se rappeler 2° ex., n° 469, p. 188).

969. On paie généralement en chemin de fer 25 cent. par lieue de 4 kilom. (3e classe). Combien paiera-t-on, aller et retour, pour un voyage de 500 kilom. ?

970. Le prix d'un voyage de 400 kilom. en chemin de fer, 3e classe, étant de 25 fr., à combien se réduira ce prix si l'on profite d'une réduction extraordinaire de 40 0/0 sur le prix des places ?

971. Le transport d'une marchandise par chemin de fer coûte 8 fr. 50 les 100 kilog. Combien devra-t-on pour le transport d'une caisse pesant 350 kilog., sans compter certains frais accessoires ?

972. Combien coûteront 25 m. $\frac{3}{4}$ d'étoffe à 45 fr. 25 le mètre ?

973. Une personne voulait employer à ses menus plaisirs une somme de 175 fr. par an. Elle n'a dépensé ainsi en moyenne que 8 fr. par mois. Combien a-t-elle économisé sur ses menus plaisirs ?

974. On veut distribuer un secours de 1 800 fr. entre trois personnes victimes d'un incendie en proportion des pertes éprouvées. La perte de la première personne étant évaluée à 4 300 fr., celle de la deuxième à 2 500 fr. et celle de la troisième à 5 000 fr., quel sera le secours accordé à chaque personne ?

975. Combien recevra-t-on pour un billet de 275 fr. payable dans 6 mois 15 jours et escompté à raison de 6 0/0 par an ?

976. 85 grammes de marchandise ont coûté 15 fr. 25. A combien revient le kilogramme ?

977. Le prix du blé dans quatre marchés pendant le mois d'avril a été de 21 fr. l'hectolitre, 20 fr. 50, 21 fr. 10, 21 fr, 80. Quel a été le prix moyen du mois ?

978. Une pièce de vin de 2 hectolitres a coûté 118 fr. A combien revient le litre ?

979. Trois associés ont mis dans un commerce, le premier 2 000 fr., le second 3 000 fr. et le troisième 5 000 fr. Ils ont fait une perte de 250 fr. Quelle sera la perte de chacun en proportion de sa mise ?

980. Combien un capital placé à intérêts composés à 5 0/0 rapporte-t-il en 2 ans 5 mois ?

981. Une somme placée à intérêts composés à 5 0/0 doublant tous les 14 ans environ, que deviendra une somme de 10 000 fr. placée ainsi pendant 42 ans ?

982. Un marchand a reçu un envoi de 200 kilog. de mar-

chandise et a payé 15 fr. 45 de port ; la facture se monte à 397 fr. 50, prix net, sur lequel il est fait un escompte de 5 0/0 pour paiement comptant. A combien revient le kilogramme au comptant ?

983. Un négociant gagne en moyenne 15 0/0 sur le prix de vente de sa marchandise. Il a fait en un an pour 150 000 fr. d'affaires. Il a perdu 2 500 fr par suite d'avaries dans sa marchandise. Combien, malgré cela, se trouve-t-il avoir gagné sur l'ensemble de ses affaires de l'année ?

984. Il s'est vendu dans un marché 80 hectol. de blé à 25 fr. l'hectol., 40 hectol. à 23 fr. 50, 150 hectol. à 23 fr. 10. Quel a été le prix moyen du marché ?

985. Les fondations d'une maison ont été creusées à 1 m. 25 de profondeur, l'épaisseur du mur de fondation est de 90 centim. et il a une longueur totale de 30 m. Combien coûtent ces fondations à 14 fr. le m. cube ?

986. On emploie pour le dallage d'une église des dalles carrées de 4 décim. de côté. Combien en faudra-t-il, l'église ayant 320 m. carrés de superficie ?

987. Pour ensemencer un hectare de terre, il faut 15 décalitres de blé. Combien en faudra-t-il pour ensemencer 67 ares seulement ?

988. On a acheté 8 m. $\frac{3}{4}$ de drap à 14 fr. le mètre, 5 m. $\frac{1}{2}$ à 11 fr. 75 et 9 m. $\frac{1}{4}$ à 12 fr. 50. Après avoir payé 200 fr. sur cet achat, combien doit-on encore ?

989. Quel est l'intérêt de 9 750 fr. à 5 0/0 pendant 3 ans 8 mois 15 jours ?

990. 15 ouvriers ont mis 8 jours à faire un ouvrage. Combien un seul ouvrier mettra-t-il à faire un ouvrage semblable ?

991. La rente 4 $\frac{1}{2}$ 0/0 étant à 95 fr., combien recevra-t-on de rente pour un capital de 15 600 francs ?

992. Une chambre a 8 m. de longueur sur 5 m. de largeur. Combien, pour la carreler, faudra-t-il de carreaux de 15 centim. de côté ?

993. Les allées d'un jardin ont une longueur totale de 225 m. sur 1 m. 15 de largeur. Combien faudra-t-il de mètres cubes de sable pour les sabler en comptant 1 m. cube pour 15 m. carrés de superficie ?

994. Les murs d'une chambre ont ensemble une longueur de 25 m. 8 centim. sur une hauteur de 3 m. 85 centim. Combien, pour la tapisser, faudra-t-il de rouleaux de papier, chaque rouleau ayant 8 m. de longueur sur 65 centim. de largeur ?

995. Combien faudra-t-il d'hectolitres d'eau pour remplir un réservoir ayant 3 m. de longueur, largeur et profondeur?

996. On a mélangé 8 hectol. de vin à 13 fr. l'hectolitre avec 5 hectol. 8 lit. à 15 fr.. et 12 hectol. 50 lit. à 14 fr. 50. Quel est le prix d'un hectolitre de mélange?

997. Une bougie, pesant 94 gr., a brûlé tout entière en 6 h. 15 min. Combien s'est-il consommé de bougie en une heure?

998. Un paquet de bougie pesant 475 gr. se vend 1 fr. 25. Combien coûte le gramme?

999. Sachant, d'après le problème précédent, le prix d'un gramme de bougie, combien a-t-on dépensé pour son éclairage, en un mois, en brûlant 58 gr. de bougie par jour?

1000. On a trouvé, pour le poids d'une lampe pleine d'huile, 2 kilog. 480 gr. Au bout de 3 heures 1/2 d'éclairage elle ne pesait plus que 2 kilog. 90 gr. Combien la lampe a-t-elle dépensé d'huile par heure?

1001. Quel est le tiers de 570?

1002. Quel est le vingtième de 2460?

1003. Quel est le quintuple de 46?

1004. Vingt ouvriers ont mis 50 jours à faire un ouvrage. Combien un seul ouvrier aurait-il mis de jours?

1005. Une cuve a été vidée, l'eau coulant par un seul robinet, en 2 h. 40 min. En combien de temps aurait-elle été vidée en ouvrant 4 robinets ensemble?

1006. Un champ a rapporté, une année, tous frais payés, 756 fr., une seconde année 879 fr., une troisième année 900 fr., une quatrième année 699 fr. Combien rapporte-t-il chaque année en moyenne?

1007. On a mélangé 156 litres de vin à 15 c. le litre avec 200 litres à 18 c. A combien revient le litre de mélange?

FIN.

TABLE DES MATIÈRES.

—

2307. — Abbeville. — Imp. Briez, C. Paillart et Retaux.

www.ingramcontent.com/pod-product-compliance
Ingram Content Group UK Ltd.
Pitfield, Milton Keynes, MK11 3LW, UK
UKHW022337090726
13658UKWH00001B/319